VEGAN WORLD

세상의 모든 채식 요리

알리스 파제스 지음
김희경·하수현 옮김

CITRON MACARON

추천의 글

각자의 미각을 가지고 맛있는 여행을 해보자!
여러분은 분명 이 책을 보면서 맛의 향연을 즐기고 요리에 대한 영감을 얻을 수 있을 것이다. 전 세계에서 영감을 받은 혁신적인 알리스 파제스의 요리는 그의 입맛을 돋우는 사진으로 더욱 맛있어 보인다. 그는 음식에 관한 추억과 수많은 여행 경험을 통해 다양한 형태의 요리와 문화를 접목한, 어디에서도 볼 수 없는 참신한 아이디어를 얻는다.

그의 채식 레시피는 독창적이다. 비건 요리와 익히지 않는 요리에 적합한 조리법에서 영감을 받은 그의 레시피는 영양과 맛이 풍부한 가공하지 않은 신선한 재료를 사용하고, 때로는 글루텐 프리 요리로, 대체로 아주 조금의 설탕을 넣고, 다양한 기본 재료들을 새롭게 조합한다. 이 책을 통해 우리는 여행을 할 뿐만 아니라 요리에 대해 다시 생각하게 된다. 튀김 요리 대신 덜 달지만 맛이 풍부한 디저트들, 생각하지 못한 콩의 활용법, 약간의 변화를 주어 일상에 바로 적용할 수 있는 새로운 조리법들을 친절히 소개한다. 여러분의 손에 들려 있는 이 책은 전 세계에서 흔히 볼 수 있는 비건 레시피를 선택하여 소개하는 것에 그치지 않고, 사테 소스 느타리버섯 볶음 핫도그처럼 폭발적인 풍미와 과장될 정도로 풍부하고 놀라운 식감이 어우러진 독창적인 조리법을 소개하는, 혁신적이고 매우 독창적인 요리책이다.

알리스는 대중요리, 특히 아시아, 미국 혹은 유럽의 길거리 음식에서 아이디어를 얻는다. 따라서 여러분은 놀라운 샌드위치들은 물론이고 전 세계의 파티 요리로도 선보일 수 있는 다양한 방법들을 발견하게 될 것이다. 추로스 스타일 프렌치토스트처럼 알리스의 개인적인 변형 요리는 우리가 흔히 볼 수 있는 달고 짠 프랑스식 전통에 개인적인 신선함과 창의력이 곁들여졌다. 알리스 파제스의 요리 안에는 다양한 요리 문화들이 끊임없이 대화하고 있다. 1990년대라면 그의 요리는 현대 비건 푸드의 요람이었던 캘리포니아 음식처럼 무언가 새로우면서도 친숙한 것을 만들기 위해 기술과 전통을 접목한 '퓨전' 요리라고 분류됐을지 모른다.

지금의 비건 요리와 자신의 개인사, 전 세계 전통 요리와 건강한 음식에서 영감을 얻은 알리스 파제스의 요리는 기존 레시피의 단순한 변형이 아니라, 모든 재료를 사용한 매우 창의적인 조리법으로 놀라운 맛을 만들어내며, 우리가 지금껏 겪어보지 못한 감각 경험을 하게 한다.

내가 그랬던 것처럼 여러분도 알리스의 땅콩버터 사랑을 공유하며 더 맛있는 것을 먹게 될 것이다!

마리 라포레(Marie Laforêt) | 비건 음식 전문가

목차

추천의 글 6

들어가며

자신을 위해, 지구를 위해, 잘 먹기 10

요리, 국경 없는 세계 12

여행과 채소 요리의 조화 14

동네에서 벗어나자 16

구하기 쉬운 향신료 18

기본 보관 식재료 24

기본 주방도구와 장비 30

시작하기 전 몇 가지 팁... 32

아침 식사 34

시나몬 **스월** 36

코코넛 초콜릿 칩 **마카치아**(스위트 번) 38

라즈베리 크림 **브리오슈** 41

폭신한 미소 캐러멜 **팬케이크** 42

카카오 **스무디** 볼과 미니 시리얼 쿠키 45

고구마 **스무디** 볼과 트로피컬 그래놀라 47

초콜릿 견과류 크리스피 **그래놀라** 49

캐러멜 시럽과 구운 사과를 얹은 크리미 오트밀 **죽** 50

추로스 스타일 **프렌치토스트** 52

고구마 **토스트**, 초콜릿 잼과 홈메이드 잼 55

견과류와 건과일이 든 부드러운 **쿠키** 56

잉글리시 브렉퍼스트 스타일의 짭짤한 오트밀 **죽** 59

브레첼 버거, 채소 지짐과 병아리콩 스크램블 61

땅콩과 표고버섯을 곁들인 후무스 **타르틴** 62

샌드위치 64

토마토와 으깬 병아리콩을 넣은 **팡 바냐** 67

두부, 페스토, 구운 파프리카 **바게트 샌드위치** 68

최고의 **치즈버거** 70

호박 크림과 헤이즐넛, 케이퍼로 속을 채운 **난** 73

사테 소스 느타리버섯 **핫도그** 77

크리스피 **반미 버거** 79

오렌지 렌틸콩 팔라펠을 넣은 **피타 샌드위치** 80

구운 배와 루콜라 페스토, 피클을 넣은 **그릴드 치즈 샌드위치** 83

퀴노아와 호박 크림 **부리토** 84

가지 베이컨, 상추, 토마토를 넣은 클래식 **BLT 샌드위치** 86

메인 요리 88

참깨 레몬 크림과 산뜻한 허브 잠두콩 샐러드를 얹은 **소카** 90

샤슈카 스타일의 퀴노아 **라타투이** 93

아몬드 생치즈를 올린 토마토와 복숭아 가든 **샐러드** 95

오븐에 구운 **가지 퐁당**, 요구르트 소스와 두카 96

커피와 프랄린 비네그레트를 얹은 버섯과 대파 **리소토** 99

채소 크림이 들어간 부드럽고 진한 **맥 앤 치즈** 101

카치오 에 페페 **스파게티**와 비건 파마산 치즈 102

시저 스타일의 케일 **샐러드**와 바삭한 병아리콩 그래놀라 105

비건 **피시 앤 칩스**: 튀김 옷을 입힌 콜리플라워, 폴렌타 튀김과 완두콩 마요네즈 107

필로 페이스트리 반죽의 크리미 & 크리스피 **키슈** 로렌 111

시금치와 병아리콩으로 만든 크리미 커리, **팔락 파니르** 112

향신료와 건과일을 넣은 **필라프** 115

오렌지 렌틸콩으로 만든 **달**, 볶음밥과 오이 샐러드 116

파인애플이 들어간 채소 옐로 **커리**와 쌀 크래커 118

독창적인 레위니옹 **루가이유** 소시지 121

아삭한 채소와 구운 템페, 쌀국수를 넣은 **스프링 볼** 122

채소와 템페 **미고렝** 124

채소 완자와 면을 넣은 인도네시아식 국물 요리, **박소** 127

초대 음식 128

삶은 채소와 아삭한 채소를 곁들인 프로방스풍 **그랑 아이올리** 131

피스타치오와 루콜라 페스토를 넣은 미니 **밥카** 132

후무스, 타프나드, 토마토 캐비아를 곁들인 허브 **크래커** 135

구운 파프리카 크림과 감자 **토르티야** 137

즉석 **피살라디에르** 익스프레스 138

나초, 브로콜리 과콰몰리, 피코 데 가요와 치즈 소스 141

레위니옹식 **루가이유**와 채소 절임 142

레위니옹의 **봉봉 피망** 144

망고와 땅콩, 고구마 맛 **사모사** 147

칠리 고구마 **엠파나다** 148

바삭한 콜리플라워 **너겟**과 치미추리 소스 150

몰레 소스와 잘게 자른 잭프루트를 넣은 알리시아의 **타코** 153
김치전과 라즈베리 소스 155
버섯과 김치로 속을 채운 중국식 찐빵, **바오쯔** 156

간식 158

헤이즐넛과 브레첼을 넣은 부드러운 캐러멜 **쿠키** 160
검은깨를 넣은 레몬 마블 **머핀** 163
초코칩과 땅콩버터가 들어간 최고의 **바나나 브레드** 165
딸기와 버베나로 맛을 낸 트로페지엔 스타일의 프로방스 **브리오슈** 167
화이트 초콜릿, 피스타치오와 라즈베리를 넣은 폭신한 **블론디** 168
홈메이드 사과 버터로 속을 채운 **베녜**와 캐러멜 소스 170
프룬을 넣은 크리미 **플랑 파티시에**와 솔티 캐러멜 소스 173
오렌지 블로섬 워터와 아몬드, 초콜릿을 넣은 폭신한 **밥카** 174
알파호레스, 아르헨티나의 초코파이 176
크리미 초콜릿 **후무스**와 크리스피 비스킷 179
당근 **머그 케이크**와 크림치즈 181
아니스와 아몬드로 맛을 낸 바삭한 **비스킷** 183
메밀과 호두 크럼블의 **애플 타르트**와 타히니 소스 184
부드러운 **크레프**와 초콜릿 소스 186

디저트 188

땅콩과 크리미 캐러멜의 밀리어네어 **쇼트브레드** 191
로즈마리와 레몬 아몬드 크림을 넣은 시골풍 살구 **타르트** 192
쌀 푸딩, 오렌지 블로섬 워터, 장미와 피스타치오를 곁들인 레바논식 **플랑** 195
트리플 초콜릿 **브라우니** 무스 케이크 197
코코넛, 망고, 패션프루트와 튀밥 **트로피컬 바** 198
추억의 초콜릿 라즈베리 **아이스크림** 200
헤이즐넛 프랄리네 **로셰** 202
끝내주는 바노피 **치즈케이크** 204
시트러스 **트라이플**, 코코넛 샹티이와 캐러멜 팝콘 207
몽블랑 크림과 캐러멜을 입힌 헤이즐넛 메밀 **크루스티앙** 210
코코넛 망고 스티키 **라이스 롤**과 땅콩 소스 213
건과일과 향신료로 만든 **스티키 토피 푸딩** 215
커피와 향신료로 맛을 낸 소프트 **티라미수** 217
팥앙금을 채운 참깨 말차 **모찌** 218
크리미 **라이스 푸딩**과 커피 프랄린 소스 220

레시피 찾아보기 222
감사의 말 224

들어가며

이 책은 단순한 레시피 모음집이 아니라 세계 여행으로의 초대장이다. 부에노스아이레스 거리 산책, 다양한 색이 넘치는 세인트폴 시장으로의 탈주, 석양이 지는 지중해로의 소풍... 내가 경험했던 만남과 발견, 추억이 가득 담긴 나의 세계를 여러분과 공유하는 커다란 즐거움이 담긴 책이다.

내겐 요리에 대한 넘치는 애정이 있었지만 화덕 앞에서 생을 보낼 운명은 아니었다. 나는 항공 엔지니어링 공부를 마치고 3년간 추진기관 엔지니어로 일했다. 당시에 요리는 생각도 하지 않았지만 여행을 하거나 여행지를 소개해주고 싶은 바람은 이미 가지고 있었다. 나는 기회가 될 때마다 배낭을 싸서 전 세계 새로운 곳을 찾아 떠났고 새로운 곳에서의 풍요로움에 감탄하곤 했다. 유럽 내에서의 주말여행이 됐든, 그보다 더 먼 장거리여행이 됐든, 난 항상 여행의 유혹을 뿌리치지 못했다. 그 시기쯤 요리에 대한 지칠 줄 모르는 열정이 생겨났다.

나는 청소년기부터 채식을 하고 있다. 나는 사회생활의 시작과 먹거리를 선택할 수 있는 능력이 생기자마자 양심에 걸려, 모든 동물 유래 식품의 소비를 멈췄다. 하지만 당시의 나는 제대로 요리하는 법을 몰랐고, 그때는 비거니즘도 잘 알려지지 않았다. 식당의 채소 메뉴는 한정되어서 구내식당의 고기나 생선요리에 곁들여 나오는 맛없는 채소로 만족해야 하는 경우가 많았다. 그래서 내가 직접 요리해야겠다는 생각이 들었다! 때로는 모험을 하고, 때로는 실험을 하고, (자주) 실패했지만 이렇게 요리를 배우며 나의 요리 실력은 차차 나아졌다. 그러다보니 혼자서도 요리를 할 수 있게 되었다. 일 년 후 더 많이 배우고 싶어진 나는 채식 요리와 사진에 대한 나의 열정을 온전히 살리기 위해 직장을 그만두었다.

나는 전 세계를 여행하며 여러 나라의 풍부한 음식문화를 발견하고, 다양한 색감의 맛있는 음식을 맛보며, 인정 넘치는 사람들을 만났다. 나는 단순한 필요를 넘어 다양한 문화에서 요리의 중요성과 사람들의 삶에서 차지하는 요리의 중요한 역할을 인식했다. 일상적인 영양공급을 위해서든, 축하 파티를 열기 위해서든, 음식은 즐거움을 나누는 매개수단이다. 다른 사람을 위해 요리하는 것은 다른 사람을 생각하고 배려하는 일이다. 나는 대중요리, 소박하고 진심어리고 인간적이지만 믿을 수 없을 정도로 맛있고 위안을 주며 삶이 녹아 있는 요리, 그리고 놀랍게도 채소가 주인공인 요리를 찾아냈다.

채소 요리는 특히 서양 국가들에서 최근에 갑자기 등장한 새로운 경향처럼 여겨지지만 사실 조상 전래의 여러 전통 음식에 뿌리가 있다. 인도에서 널리 통용되는 수천 년 전부터 알려진 치료법 아유르베다는 생식과 자연식으로 구성된 채소가 대부분인 음식을 권장한다. 수천 년 전부터 경작한 쌀은 이 음식의 주재료인데, 전 세계 인구의 반이 끼니마다 쌀로 만든 식사를 한다. 곡물과 함께 빵은 수많은 사람의 일상식으로, 프랑스인들이 이에 이의를 제기하지는 않을 것이다.

본론으로 돌아와서 원래 고기와 동물 유래 식품은 고급 식료품이었다는 것을 잊지 말아야 한다. 고기와 동물 유래 식품을 생산하는 데에는 시간과 에너지 그리고 채산성이 매우 낮은 엄청난 자원(동물 사료용 식물, 물, 시설 등)이 요구되기 때문에 생산 비용이 높다. 특히 가난한 사람들의 경우, 고기 소비는 오랫동안 절제됐다.

어린 시절 내내 나는 이처럼 음식을 이해하며 성장했다. 레위니옹 섬사람인 어머니는 균형 잡힌 식사는 늘 곡물이 중심이 되어야 한다고 내 마음에 새겨주었다. 곡물과 함께 많은 채소, 때로는 두부가 곁들여졌지만 동물성 단백질을 매번 주지는 않았다. 나는 여행을 하며 많은 나라에서 이와 유사한 식습관을 확인할 수 있었다. 코스타리카에서 대중음식의 상징인 카사도는 쌀밥, 강낭콩, 바나나 플랜테인 튀김, 샐러드가 한 접시에 나오는데, 동물성 단백질은 단지 선택사항이다. 대부분의 남아메리카 국가들에서도 마찬가지다. 고기가 주요 식재료가 될 정도로 우리 식탁에 점점 더 자주 등장하는 것은 최근 대규모 가축 사육 발달이 가져온 식습관의 변화 탓이다.

프랑스로 돌아온 나는 전 세계 식도락의 기준인 파리에서 매우 드문, 제대로 된 비건 음식을 얻기 위해 여전히 여러 식당을 전전하며 애써야 한다는 현실이 매우 당혹스러웠다. 당시 사람들과 많은 요리사는 비건 요리를 맛없고, 귀찮고, 시답잖게 생각했다. 이것은 6년도 더 된 이야기이고 지금은 인식이 많이 바뀌었다! 고기 소비의 증가와 경쟁력에 대한 연구는 가격하락을 부추겼다. 따라서 동물사료의 질과 사육환경이 열악해졌고, 이는 소비자의 건강에 영향을 끼치지 않을 수 없다. 환경이라는 큰 문제, 끔찍한 사육 행위, 반복되는 수치스러운 위생 상태 등을 겪으며 사람들은 점차 음식의 중요성을 인식하게 되었고, 신세대는 그들의 소비 방식을 바꿀 결심을 하기 시작했다. 비건 요리는 비약적 발전을 하고 있다. 비건 요리가 다시 유행하여 마땅히 있어야 할 자리, 즉 우리 식탁의 중앙을 다시 차지할 수 있도록 일신하는 데 도움을 준 다양한 직종의 사람들, 즉 배우, 기업가, 애호가 그리고 요리사 들 덕분이다.

내가 공유하는 이 레시피들을 통해 모든 사람이 식물로 만든 요리야말로 맛있게 먹을 수 있는 것이라고 받아들일 수 있게 하는 것이 나의 바람이다. 나는 우리의 음식이 단순한 필요를 넘어, 생태와 환경 문제를 해결할 수 있는 주요 수단이라고 확신하며, 우리 각자가 소비 습관을 바꿈으로써 여기에 동참할 수 있다고 생각한다. 선입견과 달리, 책임감 있게 먹는 것이 맛을 희생해야 하는 것은 아니다! 반대로 비건 요리는 익숙함에서 벗어나, 자유롭게 창의력을 발휘하고, 여러 가지 재료를 발견하고, 자신만의 조리법을 재발견할 기회이다. 비건은 아직 신세계이며, 규칙 없는 백지와 같아서 가능성이 무한하다.

이 책은 좋은 음식에 대한 나의 사랑과 지난 몇 년간 내가 배운 모든 것을 전달하는 사명의 완성이라 할 수 있다. 이 책에 소개된 전 세계 민간전승에서 영감을 얻은 85가지의 조리법을 통해 매일 신선한 재료로 경이로운 맛을 내는 요리를 여러분도 재발견하게 되길 바란다.

이 레시피들을 통해 여러분이 기쁨을 느끼며 요리하기를, 그리고 식탁에 둘러 앉아 기억할 만한 시간을 보내기를! 모두 이 책과 함께 즐거운 여행이 되기를 바란다.

알리스 파제스

자신을 위해,
지구를 위해,
잘 먹기

건강하게 잘 먹을 수 있는데 망설이는 이유가 무엇일까? 음식은 끊임없이 새로운 가치를 생성하고, 사람과 함께 변화하고, 우리 각 개인에게 맞출 수 있는 특성이 있다. 우리는 막중한 책임감을 갖고 지구와 지구에 사는 생물을 존중하는 소비 방식을 선택해야 한다. 음식은 기후 변화에 대처하고 우리 대부분이 동참할 수 있는 변화를 실천하는 중요한 수단이다. 우리가 음식을 섭취하는 방식은 농부와 목축업자 들의 행동에 영향을 줘서 환경과 사회에 직접적인 효력을 미칠 수 있다.

일상에서의 책임감 있는 소비

내가 먹는 음식을 다시 생각하자

육류의 산업생산은 환경을 파괴한다. 동물 복지와 우리 건강에 해로운 영향은 차치하더라도 단지 동물의 사료를 재배하기 위한 삼림 벌채, 수질 오염, 온실가스 배출을 야기한다. 육류 소비를 줄여야 하는 이유는 너무나 많다. 세상에는 육류를 대체할 재료가 무수히 많기 때문에 육류 소비를 줄이는 것은 전혀 어려운 일이 아니다! 400,000종 이상의 식물이 있고 그중 약 20%가 식용 가능하다. 다시 말해서 80,000종의 과일, 채소, 곡물, 버섯, 해조류 및 꽃 들을 먹고 즐길 수 있다. 우리가 조리하는 방법을 재고하기만 하면 된다. 콩류, 견과류, 곡물은 우리의 일상에 필요한 단백질을 충분히 함유하고 있다. 따라서 육류를 완전히 대체하려고 하기보다는 먼저 색감이 풍부한 맛있는 식사를 구성하도록 노력해야 한다.

가공하지 않은 재료로 요리하자

건강하고 책임감 있는 음식은 재료에 대한 생각에서 시작된다. 조리식품과 가공식품은 우리를 부엌과 땅에서 멀어지게 한다. 음식을 바꾸고 싶은 사람들에게 내가 해줄 수 있는 첫 번째 조언은 힘이 닿는 한 가공하지 않은 재료들, 즉 과일, 채소, 곡물, 콩류 들로 요리를 하라는 것이다. 이는 우리가 매일 소비하는 음식들과 관계를 다시 맺는 방식이며 모든 불필요한 포장을 럿이 푸짐하게 나눠 먹을 수 있는 요리야말로 대중음식이라는 것이 나의 생각이다.

대중음식은 정체성의 표지이며, 한 나라의 역사를 말해준다. 예를 들어 프랑스는 지역마다 조상전래로 대표하는 음식이 있는데, 이들은 일반적으로 대중음식이다. 몇 가지만 예를 들면 알자스 지방의 슈크루트, 프로방스 지방의 라타투이, 브르타뉴 지방의 크레프, 사부아 지방의 라클레트 등이 있다. 이 전통음식들에 역사적으로 계속 이어져 온 이민자들에 의해 다른 나라의 영향이 추가됐다. 그렇게 해서 쿠스쿠스와 티라미수처럼 전 세계적으로 인정받는 유명한 음식들이 프랑스 요리 문화를 풍부하게 했다. 대중음식은 이처럼 다른 문화가 혼합되며 탄생하고 끊임없이 변화한다. 요즘은 오랜 동안 잊고 있던 음식들이 무대에 재등장하며 트렌드가 되기도 하고, 새로운 요리로 다시 만들어진다. 가공식품과 정형화된 맛에 질린 신세대 요리사들은 진정으로 진짜 요리를 부활시키려고 노력하고 있다. 이는 이 책에 소개한 다양한 문화의 조리법을 통해 내가 전달하고자 하는 것이기도 하다. 여러분에게 수많은 햄버거 중 한 가지를 소개하려는 것이 아니라, 새로운 관점으로 베트남의 반미 샌드위치에 나만의 소스를 결합하여 새로운 음식을 만들어 보라는 것이다.

"요리란 이야기를 가득 머금은 식재료들을 기쁨으로 변형시키는 예술이다."
- 기 사부아

"요리의 가장 중요한 재료는? 문화이다."
- 마시모 보투라

여행과
채소 요리의 조화

이 책의 앞부분에서 언급한 바와 같이 많은 나라에서 식물은 대중음식의 기본 재료다. 따라서 여행을 하며 채식을 하는 건 비교적 쉽지만, 유제품, 동물의 알, 그리고 다른 모든 동물성 식재료를 피하고 싶다면 상황은 매우 복잡해진다. 목적지에 따라 채식의 접근성은 다르다. 아사도(전통적인 바비큐 요리)가 관습인 아르헨티나 오지보다는 채소 음식이 풍부한 코스타리카나 대도시에서 채식은 훨씬 접근하기 쉬울 것이다. 이러한 어려움을 극복하고 여행에서 최고의 경험을 할 수 있도록 여러분이 현지 체류 기간 동안 현지 음식으로 채식을 하는 데 도움이 될 몇 가지 팁을 소개한다.

직거래 장터에 가자

한 나라의 문화에 스며드는 가장 좋은 방법은 전통시장의 거리를 거니는 것이다! 시장에 배어 있는 그곳의 향기와 분위기를 오롯이 체험할 수 있고, 현지의 재료들을 발견하며 나들이할 수 있는 좋은 기회이다. 시장의 장점은 가공이 거의 되지 않은 신선하고 맛있는 재료들을 찾을 수 있고, 우리가 먹는 것을 정확히 알 수 있다는 것이다. 제철 채소, 수제 빵, 디저트용 과일 등, 그 자리에서 바로 가볍게 먹거나 다음 날 아침 식사로 먹을 수 있는 것들을 구할 수 있다.

요리 수업에 참여하거나 현지인의 집에서 식사해보자

믿을 수 있는 음식을 먹고 싶다면 가장 좋은 방법은 직접 요리하는 것이다. 여러분이 진정한 대중음식을 맛보게 해줄 수 있는 사람으로 현지인보다 더 적합한 사람이 있을까? 인간적으로 더 놀라운 경험을 할 수 있는 방법은 전통 요리 수업에 참여하거나 현지인의 집에서 식사하는 것이다. 이를 통해 그 나라 문화의 또 다른 모습을 볼 수 있다. 물론 기획자나 집주인에게 여러분의 음식에 관한 특성을 미리 알려주어야 한다. 다른 사람과 나누고 다른 사람을 기쁘게 하고 싶은 마음이

크면 기꺼이 적응하게 될 것이다. 여러분의 선택에 대해 의견을 교환하고 서로 더 많은 것을 배울 수 있는 좋은 기회가 될 것이다.

농장과 수공업자 공방을 방문해보자

많은 농장과 가게들은 자체적으로 관광업을 하지 않는 이상 일반 방문객들에게 개방되어 있다. 스리랑카에서는 차 재배지가 관광여행의 핵심이고, 이탈리아에서는 감귤류 과수원을 방문할 수 있다. 시장에서처럼 농부와 이야기를 나누거나 최상의 현지 재료를 얻는 행운이 따를 수도 있다.

여행을 준비하자

사용할 수 있는 도구들이 있고, 미식에 관한 관심이 커지고, 수많은 여행자의 경험이 축적된다면 자신의 집에서도 충분히 쉽게 여행을 계획할 수 있다. 지역 특산물에 대해 조사하고, 몇 개의 용어를 기록하고, 전통시장의 위치를 미리 알아보고, 먹을 수 있을 만한 채식 요리를 제공하는 식당 목록을 작성하라. 인터넷에는 블로그의 글들이 넘치며, 여러분의 일을 쉽게 해줄 수 있는 애플리케이션도 많다.

마음을 열고 유연해지자

어쩌면 가장 중요할 수도 있는 마지막 조언은 마음을 열고 여유를 가지라는 것이다. 여러분이 만나게 될 사람들이 모두 채식 요리에 대해 아는 것은 아니며, 채식이 여러분에게 어떤 의미인지를 이해할 수는 없다. 채식주의는 어떤 문화 혹은 생활 수준에서는 받아들이기 힘든 개인의 선택이다. 그러므로 충분히 설명하라. 여러분이 채식인이 된 동기에 대해 토론하지 못할 이유가 없다. 그러려면 때로는 유연해야 하고, 여러분의 습관에서 벗어나 '전식-메인 요리-후식'이라는 일상적인 틀을 깨거나 일일 이식만 해야 할 수도 있다. 다른 생활방식을 경험하기 위해 일상을 벗어나는 것 역시 여행의 재미다!

동네에서 벗어나자

오랫동안 나는 이국적인 곳으로의 장거리 여행을 하겠다고 장담했다. 낯선 경험을 하려면 반드시 멀리 가야 할 것 같았다. 사실 나는 '항상 더 먼 곳, 더 색다른 곳'을 추구하며 경제적으로 많은 지출을 했다. 하지만 여행은 단지 공항에서만 시작되는 것은 아니다. 일탈은 맛있는 저녁식사를 준비하기 위해 요리책을 펼치거나 동네 식당에 가는 것만큼이나 간단할 수 있다. 요리는 맛과 맛이 불러일으키는 추억으로 느낌을 전달하고 감동하게 하는 특별한 능력이 있다. 문화 정체성, 고향, 역사를 지니고 있는 재료들의 향과 식감은 이미 여행의 일부이다.

식당은 음식 여행을 할 수 있는 가장 간편하고 직접적인 방법이다. 다른 많은 나라들처럼 프랑스에서는 다양하고 다채로우며 역동적인 요리 무대가 펼쳐진다. 같은 도시 혹은 같은 구역 내에서 프랑스 전통식, 인도, 아시아, 레바논, 멕시코, 아프리카 등 여러 문화권의 식당들이 모여 있는 것을 흔히 발견할 수 있으며, 나 역시도 이런 식당에 자주 간다. 맛도 가격도 제각각이지만 이런 식당에서 여러분은 순수 전통 요리를 발견할 수도 있고, 요리사의 의도대로 재해석한 요리들을 맛볼 수도 있다.

시장 역시 여행에 가장 적합한 장소이다. 시장에는 전 세계 음식, 특히 길거리 음식을 판매하는 가게가 있는 경우가 많다. 시장에서 직접 타코, 엠파나다, 사모사를 맛보거나 커리와 볶음밥을 사가지고 올 수 있다.

하지만 여러분이 요리하는 것을 좋아한다면 가장 좋은 일탈 방법은 직접 요리하는 것이다! 한 단계 한 단계 조리법을 따라 요리하며 새로운 음식을 발견하거나, 혹은 가지고 있는 재료들을 이용해 원하는 대로 맛있는 집밥을 직접 만드는 것보다 더 흥미로운 것은 없

다. 여러분의 일상적인 식단에 이국적인 맛을 첨가할 수 있는 몇 가지 팁이 있다.

향신료 활용하기

앞으로 자세히 설명하겠지만 향신료는 음식으로 이국적인 분위기를 내고, 매일 여러분의 음식을 새롭게 만들어줄 수 있는 멋진 방법이다. 채소 커리는 여러분이 첨가하는 향신료에 따라 맛이 달라질 것이다.

과감하게 양념 사용하기

양념, 특히 미소된장, 간장, 식초, 레몬 절임, 흑마늘과 같은 발효식품은 특별한 요리를 만드는 이상적인 재료이다. 이 재료들은 맛이 강해서 많이 넣지 않아도 즉각 풍미를 강화할 수 있다. 이 재료들은 (아시아, 인도, 아프리카 등) 전문 식료품점에서 구입할 수 있으며, 현지 생산의 수입품들이 점점 증가하고 있다!

조리법을 새로 만들고, 적절히 활용하기

아마 이해했겠지만, 여러분이 직접 요리를 시도할 수 있도록, 그리고 단순한 시도를 넘어 여러분을 닮은 단 하나밖에 없는 조리법을 생각해낼 수 있도록 요리의 기초를 알려주고, 영감을 주며, 자신감을 북돋워 주는 것이 이 책의 목적이다. 여러분은 최소한의 연습과 경험만으로도 여러분이 좋아하는 음식을 만드는 데 채소가 다른 재료를 너끈히 대체할 수 있고, 계절에 따라 새로운 요리로 재탄생한다는 것을 알게 될 것이다.

구하기 쉬운 향신료

향신료는 내 요리의 중요한 부분이다. 나는 매일 요리에 향신료를 사용한다. 커리나 드레싱의 향을 내는 향신료는 음식의 특징을 살리고 깊은 맛을 내는 최적의 재료이며, 음식의 풍미를 돋워준다. 향신료는 건강을 이롭게 하는 여러 가지 효능이 있어서, 아유르베다와 같은 인도의 전통 의학에서 주요 약제로 사용된다. 향신료는 꽃, 과일, 씨앗, 껍질, 뿌리 등 식물의 여러 부분에서 얻는다.

우리가 아는 요리에 흔히 사용하는 대부분의 향신료는 먼 나라에서 생산되기 때문에 수입에 의존하여 가격이 다소 비싸다. 따라서 구입하려는 향신료의 원산지를 확인해야 하고, 절제하여 사용해야 한다. 결국 가격은 조금 더 비싸지만 맛이 강해서 조금만 넣어도 되는 양질의 향신료를 구입하는 것이 더 경제적이다.

전 세계에 약 백여 개의 향신료가 있다. 이들은 각각 자기만의 효능과 독특한 맛이 있으며, 사용법이 다르다. 여러분이 이 책의 조리법에서 보게 될 반드시 갖춰야 할 향신료 목록은 다음과 같다.

천연 향신료

아니스 : 아니스 씨앗은 향이 매우 특이하며 맛이 달고 신선하다. 짭짤한 음식(샐러드, 채소)과 디저트에 조미료로 사용된다. 뿐만 아니라 과자와 사탕을 만드는 데에도 자주 사용된다. 아니스는 소화 촉진 효능이 있으므로 푸짐한 식사 후 차로 준비하면 이상적이다.

계피 : 두말할 것도 없이 계피는 내가 가장 좋아하는 향신료이다. 계피는 녹나무과에 속하는 여러 종류의 열대 소관목의 껍질이다. 포근하고 달며 나무향이 있고, 향이 잘 스며든다. 부드러운 동시에 강렬한 맛이 있는 이 향신료는 유명한 시나몬 스월과 같은 디저트와 제과에 이상적이다.

카다멈(소두구) : 카다멈은 내가 좋아하는 또 다른 향신료이다. 매우 신선한 맛과 레몬 향이 특징이다. 약간 후추 맛이 나지만 맵지 않다. 강력한 카다멈의 맛에 다른 맛이 가려지므로 소량 사용하도록 주의해야 한다. 카다멈은 여러 가지 짭짤한 음식과 대단히 잘 어울리

지만(커리를 만드는 데도 사용된다), 나는 터키식으로 커피에 우리는 것을 좋아한다.

고수 : 사실상 아시아와 동양 요리의 상징인 고수의 씨앗은 감귤류 제스트의 향을 연상시키는 신선한 가벼운 후추 향이 특징이다. 쿠스쿠스 혹은 타진과 같이 오랜 시간 뭉근히 끓이는 음식에도 들어가지만 팽데피스(진저브레드)와 같이 단 음식에 사용되거나 피클의 조미료로도 사용된다.

커민 : 커리와 인도 혼합 향신료에 사용되는 또 다른 주요 향신료인 커민은 후추 향이 나는 강한 맛과, 살짝 자극적이며 매운맛을 가지고 있다. 땅콩호박(버터넛 스쿼시) 당근 퓌레 혹은 오븐 구이 고구마와 같은 음식의 맛과 기운을 북돋운다.

강황 : 건조 후 분쇄한 강황의 황금빛 분말은 부드러운 향과 약간의 사향 맛이 도는 따뜻한 향신료로 커리의 주재료로 사용된다. 커리의 특징인 황금색은 강황의 색이다. 강황은 오랫동안 비싼 사프란의 대체제로 사용됐다. 레위니옹에서는 '부르봉 사프란'이라고 불렸다. 강황은 간의 건강을 유지시켜주는 강력한 항산화물질이기도 하다.

생강 : 갓 수확한 생강은 매우 신선하고 레몬 향이 가볍게 나며 즙이 많은 것이 특징이다. 건생강은 후추 향이 나며 더 따뜻한 성질이 되고 미뢰를 깨우는 매운맛이 난다. 나는 디저트, 음료를 만들 때 사용하며, 특히 활력을 주기 위해 계피, 카카오와 함께 아침 식사를 만들 때 애용한다. 생강은 또한 강력한 항균제이자 항염제이기도 하다.

정향 : 정향(개화하기 전에 따서 햇빛에 말린 정향나무의 꽃봉오리)은 맛이 맵고 강하다. 제과에서 독특한 맛을 내기 위해 다른 향신료와 함께 미량 사용된다. 정향은 항균력 덕분에 수세기 전부터 음식을 저장하는 데에 사용됐다.

육두구 : 자극적이지 않고 따뜻하며 약간 단맛이 나는 육두구(육두구 나무의 열매)는 퓌레와 그라탕과 같은

우유와 감자를 베이스로 하는 요리에 쓰여 향을 더하고 맛을 돋우는 것으로 유명하다. 단 음식 특히 시럽이 들어간 구운 과일에 바닐라와 함께 사용된다.

파프리카 : 파프리카 가루는(단고추라고도 불리는) 파프리카를 말려 분쇄하여 얻는다. 고추와 달리 파프리카는 자극이 없는 단맛이 나며 채소들에 맛있게 과일 향을 입힌다. 나는 파프리카를 자주 사용한다. 훈제 파프리카는 바비큐를 연상시키는 독특한 맛이 난다. 절임 요리에 사용하여 훈제 향을 더하면 놀라운 맛을 낼 수 있다. 가열해도 많이 변질되지 않는다.

수마크(열대 옻나무 가루) : 수마크 분말은 열대 옻나무의 열매를 말린 후 빻아 얻는다. 레몬과 같은 신 과일 맛이 특징이다. 그릴에 구운 채소, 샐러드 혹은 후무스의 맛을 돋우기 위해 자타르 같은 다른 향신료와 함께 사용한다.

통카콩 : 강판에 갈아 사용해야 하는 커다란 검은 알갱이인 통카콩은 바닐라콩과 유사하며 호두, 캐러멜 향이 나는 달콤하고 원기를 회복시키는 향신료이다. 뿐만 아니라 통카콩은 디저트에 향을 내는 훌륭한 바닐라 대체제이다.

바닐라 : 바닐라는 달콤하고, 꽃향기가 나거나 초콜릿 향이 날 때도 있지만 늘 믿을 수 없을 정도로 오묘하며, 의심의 여지없는 향의 여왕이다. 디저트, 크림, 플랑, 콩포트, 과일 샐러드에 흔히 사용되며, 따뜻한 음료에 향을 내기 위해 사용되기도 한다.

혼합 향신료

향신료는 이미 하나하나 모두 흥미롭지만 같이 사용하면 믿을 수 없을 만큼 놀라운 효과를 얻을 수 있다. 단지 여러 가지 맛을 혼합하는 데 그치는 것이 아니다. 향신료들의 배합은 정밀함과 숙련도, 지식을 요구하는 기술이다. 몇몇 향신료는 서로 어우러지면서 또 다른 특성과 맛이 나타나는 시너지 효과가 발생하며 맛이 현저히 증가한다. 조상전래의 아유르베다 음료인 '황금우유'에는 체내 흡수에 도움을 주는 후추와 항산화 효과를 증폭시키는 생강이 강황과 어우러진다. 혼합 향신료는 사용하기에 훨씬 간편하기 때문에 향신료와 친숙해지는 데 이상적이다. 이미 배합된 혼합 향신료를 구입할 수도 있지만 자신만의 조리법으로 향신료를 배합하여 사용할 수도 있다!

차이 : 진하고 몸을 따뜻하게 하고 활력을 주는 차이는 실제로 여러 가지 맛이 응축되어 있다. 차이는 요리에도 사용되지만 디저트 혹은 고전적인 '차이 라테'와 같은 음료에도 사용된다. 나는 당근 케이크 같은 겨울 케이크에 즐겨 사용하는데, 호두, 건과일과 완벽하게 어울리며 원기를 회복시켜준다. 또한 시럽으로 만들어서 구운 과일과 함께 먹으면 맛이 일품이다.

칠리 : 강하면서 부드럽고 맵고 진한 칠리 믹스는 마늘, 커민, 파프리카, 칠리라 불리는 작은 고추로 만든다. 텍스멕스 요리의 상징인 칠리 콘 카르네의 핵심 재료이며, 모든 여름 음식, 특히 소스 음식과 잘 어울린다. 놀랍게도 칠리의 매운맛이 다크초콜릿과 완벽하게 어울린다! 다음에 핫코초를 만들 때 기억해보자.

오향분 : 전통적으로 중국 남부에서 사용하는 다섯 가지 혼합 향신료인 오향분은 전 세계에서 가장 많이 사용되는 혼합 향신료이다! 감귤류 향과 나무 향, 따뜻하고 약간 단맛이 어우러진 다섯 가지 향신료를 섬세하게 배합한 혼합 향신료이다. 채소볶음, 다진 속을 넣은 요리, 국수, 밥 등의 아시아 요리의 향을 내거나, 두부 혹은 템페를 재우는 데 이상적이다.

커리 : 전 세계에서 커리는 만드는 사람 수만큼 다양한 종류가 존재한다! 인도를 대표하는 대중적인 혼합 향신료인 커리는 모든 문화에서 발견할 수 있으며 불리는 이름 또한 다양하다. 커리의 재료는 바꿀 수 있지만 일반적으로 강황, 커민, 고수 그리고 후추가 주재료이다. 신선한 동시에 맵고 따뜻한 커리는 커리 요리에 사용되지만 모든 인도 요리(달, 밥…) 혹은 프렌치드레싱에 맛을 내는 데에도 사용된다.

두카 : 구운 호두, 씨앗, 그리고 향신료를 섞어 만든 바삭바삭하고 맛있는 이 혼합 향신료를 한 꼬집 여러분의 음식 위에 뿌리기만 해도 최고의 맛을 낼 수 있다. 이집트 향신료인 두카를 마지막에 소량 사용하면 여름용 샐러드, 냉수프, 타불레, 구운 채소 혹은 후무스의 풍미를 살릴 수 있다. 두카를 만드는 방법은 여러 가지가 있으며, 기호에 따라 구운 호두, 아몬드 혹은 피스타치오를 넣는다.

깨소금 : 향신료와 조미료의 중간쯤 되는 깨소금은 전통적으로 밥에 조미를 하기 위해 사용되는 참깨와 소금을 섞은 일본 혼합 향신료이다. 여기에 해조류를 추가하면 아이오딘까지 섭취할 수 있다. 식탁 한가운데에 두고 마지막에 샐러드, 수프, 채소, 타르틴, 밥 위에 뿌리기에 이상적인 조미료이다.

가람 마살라 : 가람 마살라는 '매운 혼합 향신료'를 의미한다. 인도 북부 지방의 전통 조미료인 가람 마살라는 몸을 따뜻하게 해주는 자극적이지 않은 매운맛이 있다. 아유르베다 의학에서 심신을 따뜻하게 하는 데 사용한다. 커리처럼 뭉근히 끓이거나 쌀을 이용한 모든 요리에 사용할 수 있지만, 디저트와 케이크를 만들

때 전통적으로 사용하는 향신료를 대체할 수도 있다.

프로방스 허브 : 향이 강한 지중해 혼합 허브로 지중해 특유의 가시덤불 숲과 여름의 풍미가 응축되어 있다. 활용법은 비교적 쉬운데 이 향신료들을 그릴 구이 고기와 구운 채소에 뿌리거나, 라타투이, 콩류 요리 혹은 토마토 파이에 양념으로 사용할 수 있다.

라스 엘 하누트 : 환상적이고 매혹적인 라스 엘 하누트는 마그레브 전통 혼합 향신료로 쿠스쿠스, 타진, 샥슈카, 쌀, 파스타의 맛을 놀랍게 향상시킨다. 라스 엘 하누트의 재료는 매우 다양해서 20가지에서 30가지 이상의 향신료가 사용된다! 매운맛과 새큼한 꽃향기가 특징이다.

자타르 : 몸을 따뜻하게 하고 향이 짙은 강한 향신료인 자타르는 중동 지방의 대표적인 혼합 향신료이다. 원래는 말린 타임으로 대체할 수 있는 다양한 품종의 야생 오레가노, 구운 헤이즐넛의 풍미를 주는 볶은 참깨, 강한 신맛의 수마크가 들어간다. 깨소금이나 두카처럼 자타르 역시 요리 마지막 단계에서 직접 뿌리거나 샐러드, 구운 채소 그리고 여름 음식의 맛을 돋우기 위해 음식 위에 뿌린다.

향신료와 익히기

향신료는 익혔을 때 맛과 영양의 질이 달라질 수 있는 섬세한 재료이다. 따라서 적절한 순간에 향신료를 사용해야 한다. 뭉근히 졸이는 음식이나 수프의 경우 양파와 마늘을 볶은 후에 넣는 것이 가장 좋다. 커리의 경우 약간의 기름에 향신료를 먼저 볶아야 향이 더 강해진다. 두 경우 모두 익힐 때 향신료를 태우지 않도록 주의해야 한다. 향신료는 소스에 절인 음식 혹은 디저트에 우려낼 수도 있다.

맛을 강화하기 위해 씨앗(알갱이) 형태의 향신료를 기름을 두르지 않은 팬에 몇 분간 덖는 것을 추천한다. 커민과 고수 씨를 덖는 것은 강력 추천한다.

통으로 혹은 갈아서?

갈아 놓은 향신료는 사용하기 편한 게 사실이지만 통 향신료의 이점이 훨씬 많다. 한번 갈아 놓은 향신료는 공기와 접촉하면서 변질되고 대부분의 향을 빠르게 잃는다. 향신료는 귀하고 비싼 식재료이기 때문에 영양소나 향의 손실을 줄이고 신선함을 유지하려면 갈지 않은 통 향신료를 선택하여 필요할 때 적당량 갈아서 사용하는 것이 낫다.

씨앗(알갱이)을 갈기 위해 절구나 분쇄기가 필요하다. 육두구 열매나 통카콩처럼 더 단단한 제품은 강판으로 가늘게 갈아야 한다.

향신료 보관

향신료는 빛과 습기에 민감하다. 따라서 변질되는 것을 막으려면 깨끗하고 마른 밀폐 유리병에 넣어 빛이 들지 않는 찬장이나 서랍에 넣어둬야 한다. 봉지에 들은 향신료를 구입했다면 유리병으로 옮겨 보관한다. 저장만 잘해도 어떤 제품은 일 년 이상 보관할 수 있다.

향료

향신료와 향료의 차이는 미세하다. 이들 모두 식물에서 얻는다. 향료는 자신이 가지고 있는 고유의 향으로 음식의 향을 바꾸는 데 반해 향신료는 맛을 돋보이게 한다. 향료는 음식의 향에 더 영향을 끼쳐 풍미를 더하는 반면 향신료는 맛에 영향을 끼쳐 맛을 강화한다.

향초는 생잎 혹은 말린 잎을 사용하는 식물이다. 바질, 고수, 차이브, 타임, 로즈마리, 박하, 딜, 파슬리, 타라곤 등이 있다. 이들 향초의 맛과 이점을 보전하려면 신선한 향초를 사용하는 게 좋다. 잘게 다진 바질 혹은 박하잎 몇 장만으로도 샐러드, 타불레, 구운 가지 요리의 맛을 좋게 하는 데 충분하다. 대부분의 향료는 텃밭이나 실내에서도 기르기 쉽기 때문에 일 년 내내 손쉽게 신선한 향초를 구할 수 있다!

양파, 샬롯, 마늘 역시 향이 나는 식물이지만 이들은 줄기나 알뿌리를 먹는다. 이 재료들은 요리하기 쉽고 여러 요리에 멋들어지게 향을 낸다. 준비하는 방식에 따라 이들의 맛은 현저히 달라진다. 생마늘은 강하고 맵지만 절여지면 매우 순해진다. 마늘은 내가 선호하는 재료들 중 하나이며 가능한 자주 사용한다. 하지만 마늘의 강한 맛이 모든 사람들의 입맛에 맞는 것은 아니니 자신의 취향에 따라 양을 조절하는 것이 좋다.

마지막으로...

음식에 맛과 향을 더해주는 다른 재료들 중 여기서 언급할 만한 가치가 있는 다른 것들은 분류하기가 훨씬 어렵다.

소금은 바다에서 유래하는 유일한 재료이다. 점점 널리 알려지고 있는 히말라야 핑크 소금은 수억 년 전 바다가 증발하며 만들어진 암염이다. 유황이 풍부한 히말라야 흑염 혹은 칼라 나마크는 놀랍게도 삶은 달걀 냄새가 난다. 나는 이 책에 소개한 오믈렛이나 갈레트 같은 유형의 요리에 조미를 하기 위해 히말라야 흑염을 사용했다. 소금은 정제하거나 가공하거나 향을 더할 수 있고, 분말이나 결정체의 형태일 수 있다. 나는 요리에 사용할 때는 주로 고운 소금을 사용하고, 미세한 입자의 고급 가향 플뢰르 드 셀은 음식에 직접 뿌리는 용도로 사용한다. 오븐에서 꺼낸 과자에 플뢰르 드 셀을 아주 조금 뿌리기만 해도 맛이 현저히 좋아진다.

카카오 발효된 카카오 콩에서 얻어진 카카오는 초콜릿과는 다르다. 카카오는 달지 않으며 맛이 강한데, 약간 쓰고 시큼하다. 카카오 분말이나 카카오 콩(알갱이)은 짠 음식(특히 멕시코의 놀라운 몰레 소스)에도, 단 음식에도 사용할 수 있다. 카카오의 모든 효능을 활용하고 새로운 맛을 발견하고 싶다면 덖지 않은 생카카오를 시도해보라!

오렌지 블로섬 워터는 쓴 오렌지 꽃을 증류해서 얻는다. 꽃향기가 도는 달콤한 맛이 있으며 오렌지 특유의 부드러운 향기가 난다. 주로 마르세유 나베트, 브리오슈, 크림, 음료 등 제과의 가향에 사용된다.

이스트는 식이 효모 또는 영양 효모라고도 불리는데 맥주 효모(맥아를 발효시켜 얻은 미세 균류)에 맛을 부드럽게 하기 위해 맥아를 첨가하여 얻는다. 비타민 B가 풍부할 뿐만 아니라 치즈와 유사한 맛이 강하여 비건 치즈를 만들 때 자주 사용한다. 일반적으로 가루 형태로 판매되기 때문에 샐러드나 파스타에 직접 뿌려 사용할 수 있다.

기본 보관 식재료

채식 요리가 흔히 까다롭다고 생각되는 것은 익숙하지 않은 재료를 종종 사용하기 때문이다. 그렇지만 채식 요리는 천연적이고 자연발생적이고 친환경적이며, 무엇보다 가공하지 않은 재료로 조리하는 것이다. 처음에는 약간의 투자를 해야겠지만 곧 비용은 감소하고 여러분은 신선하고 맛있고 영양이 풍부한 음식을 먹게 될 것이다. 이제 이 책에 소개된 대부분의 조리법을 실현하기 위해 필요한 주요 재료들의 일부를 열거해 보려 한다. 더 자세한 설명은 각 조리법 하단에 있는 주석을 참고하기 바란다!

곡물

곡물은 아득한 옛날부터 전 세계 인구 대부분의 기본 음식이다. 쌀, 밀, 옥수수, 귀리, 퀴노아 같은 곡물은 이미 잘 알려져 있지만 그 외에도 호밀, 외알밀, 메밀, 조와 같이 유익한 다양한 곡물이 있다. 프랑스 전역에서 이러한 유익한 곡물들이 광범위하게 생산되고 있으며 유전자 변형이 거의 되지 않았다는 장점이 있다. 이 곡물들 대부분은 현지 생산품과 수공업 제품을 점점 더 많이 취급하는 슈퍼마켓이나 유기농 식료품점에서 쉽게 구할 수 있다. 곡물은(장기 보관이 가능하기 때문에) 대용량 벌크 제품으로 구입하여 비용 절감을 하거나, 반대로 필요한 만큼만 구입하여 낭비를 줄이는 것도 생각해봐야 한다!

콩류

단백질이 풍부하고 영양가가 높으면서도 저렴한 콩류는 비건 요리에서 매우 많이 사용될 뿐만 아니라 전 세계의 주요 식품이기도 하다. 콩류는 수많은 종이 있지만 그중 가장 널리 알려진 것은 완두콩, 강낭콩, 렌틸콩으로, 내가 조리할 때 주로 사용하는 콩류이기도 하다. 콩류는 말린 알맹이나 미리 소금물에 끓여 익힌 상태로 구할 수 있다. 통조림 제품은 매우 편리할 뿐만 아니라 거의 모든 영양소가 보존되기 때문에 대부분의 조리법에 사용할 것을 추천한다. 그러나 팔라펠이나 봉봉 피망 같은 요리를 준비할 때는 말린 콩류 사용을 권장한다. 식감과 풍미가 달라진다. 말린 콩은 사용하기 전 하룻밤 물에 불려야 한다. 곡물과 마찬가지로

많은 콩류가 전국 각지에서 재배된다. 콩류는 어디에서든 구할 수 있고, 대량으로 구입하는 것이 유리하다.

대두

강낭콩과 마찬가지로 대두도 콩류이다. 대두는 두부와 템페 등 많은 요리의 기본 재료이다. 유전자 변형이 되지 않은 대두를 원료로 한 제품 선택을 권유한다.

프랑스에서 최근 몇 년간 두유를 응고시켜 만든 두부가 큰 인기를 끌고 있지만, 아시아에서는 이미 수 세기 전부터 요리에 사용하고 있다. 두부는 흰색의 단단한 반죽 모양이며 맛은 중립적이다. 따라서 두부에 맛을 내는 것이 중요하다. 두부는 단백질 함량이 높고 질감이 흥미롭기 때문에 비건 요리에 매우 인기 있는 재료이다. 두부는 종류가 다양하지만 이 책에서는 주로 단단한 두부와 부드러운 순두부로 구분할 것이다. 단단한 두부는 조각으로 잘라서 절이고 튀기거나 으깨서 사용할 수 있다. 순두부는 질감이 훨씬 부드럽고 크리미하다. 믹서로 갈아서 소스, 부드러운 크림, 페이스트를 만들 수 있다. 예를 들어 나는 브르타뉴식 플랑이나 키슈 로렌을 만들 때 사용한다.

우리에게 덜 알려졌지만 매우 흥미로운 템페는 대두를 발효시켜 만든 인도네시아 전통 음식이다. 식감은 두부보다 훨씬 단단하고 발효과정을 거쳐 맛도 더 강하다. 내가 선호하는 템페 조리법은 템페를 얇게 자르고 타마리 소스, 참기름, 메이플시럽에 재워 팬에 굽는 것이다.

곡물 가루와 효모

곡물 가루는 밀과 같은 곡물이나 병아리콩과 같은 콩류를 분쇄하여 만드는데, 그 종류는 다양하다. 나는 흔한 일상 요리에 사용하기 위해 구하기 쉽고 비싸지 않은 유기농 국산 제품을 선호한다. 때로는 다양한 가능성과 새로운 방법을 열어주는 글루텐 프리 대체제에도 관심을 갖는다. 밀가루 외에도 쌀, 옥수수, 메밀, 귀리 가루 등이 필요한데, 귀리 가루는 귀리를 믹서에 갈아 직접 만들 수 있다!

옥수수 전분은 옥수숫가루와는 다른데, 전분이 풍부한 입자가 고운 가루이며, 소스를 만들 때 여러 재료를 결합하는 결합제와 농도를 짙게 하는 농축제로 사용된다. 옥수수 전분은 특히 결합력 덕분에 제과에서 글루텐 프리 반죽을 가볍게 만드는데 매우 유용하다.

여러 종류의 효모(이스트)도 필요하다. 베이킹파우더는 가스를 발생시켜 반죽을 부풀리는 화학 반응을 일으킨다. 주로 오븐에 굽는 케이크를 만들 때 사용한다. 생세포인 빵효모는 발효하며 가스가 발생한다. 빵효모는 제빵에서 빵 반죽을 발효시킬 때 사용되며 발효된 빵의 맛을 좋게 한다. 빵효모는 드라이이스트(알갱이 형태)와 생이스트(큐브 형태) 두 가지가 있다. 나는 빵, 비에누아즈리, 브리오슈 반죽을 만들 때 주로 생이스트를 사용한다. 생이스트는 살아 있기에 유통기한이 있으므로 습기를 피해 서늘한 곳에 보관해야 한다. 따뜻하지만 뜨겁지 않은 37°C 이하의 적절한 온도의 액체에 녹여 활성화시켜야 한다. 생이스트는 드라이이스트로 대체할 수 있는데, 이 경우 2.5배 적게 사용해야 한다.

견과류와 씨앗

견과류와 씨앗은 비건 요리의 필수 재료이다. 이들은 불포화 지방산(좋은 지방)과 다양한 미량 영양소를 함유하고 있어 영양적인 면에서뿐 아니라, 다양한 요리의 식감과 맛을 향상시켜주기 때문에 매우 유익하다. 아몬드, 헤이즐넛, 캐슈너트, 호두, 땅콩, 그리고 해바라기, 호박, 아마씨, 참깨 씨앗 등 다양한 종류가 있다! 예를 들어 샐러드에 바삭한 식감을 주기 위해 견과류를 있는 그대로 통으로 혹은 갈아서, 생으로 혹은 볶아서 사용할 수 있다. 퓌레, 분말, 혹은 음료의 형태로 구할 수 있다.

견과류는 맛이 매력적일 뿐만 아니라 점착력도 있고 식감이 부드럽다. 따라서 나는 단 음식과 짠 음식을 요리할 때 여러 맛을 안정시키고 지방질의 일부를 대체하기 위해 견과류 퓌레를 아주 많이 사용한다. 견과류 퓌레는 전반적으로 성질은 유사하고 주로 맛에서 차이가 있기 때문에 매우 쉽게 대체할 수 있다. 과자나 케이크를 만들 때 땅콩 퓌레를 아몬드 퓌레로 대체할 수 있고 혹시 견과류에 알러지가 있다면 참깨 퓌레를 사용해도 된다.

나의 제과 레시피에서는 부드럽고 가벼운 맛을 내기 위해 밀가루 대신 아몬드와 헤이즐넛 가루를 많이 사용한다.

불리기

일부 견과류는 천연적으로 견과류를 감싸고 보호하는 효소 억제제를 씻어내고 제거하기 위해 밤새 물에 불려야 한다. 그렇게 해야 소화가 더 잘되고 체내에 영양소가 쉽게 흡수된다. 특히 아몬드, 헤이즐넛, 호두가 그렇다. 캐슈너트를 믹서에 갈아 크림을 만들거나 음식을 매우 부드럽게 만들기 위해 사용하기 전에 물에 불리면 연해진다.

볶기

견과류와 씨앗을 볶으면 맛이 배가되고 바삭해진다. 영양소가 파괴되고 소금간이 된 볶아 놓은 견과류와 씨앗을 구입하는 것보다는 직접 볶는 것이 좋다. 볶는 방법은 180°C로 예열된 오븐에서 10분 정도 노래지도록 볶는다. 이어서 믹서나 블렌더로 갈아 퓌레를 만들면 만족할 만한 결과물을 얻을 수 있다!

코코넛?

지방산이 풍부한 코코넛은 (올리브, 아보카도와 같은) 채유 과일이다. 나는 코코넛으로 나만의 레시피에 많이 사용되는 오일을 추출하기도 하고 크림과 가루를 만들기도 한다.

비건 유제품

우유, 크림, 요구르트 등의 유제품을 대체하는 비건 제품들이 서서히 슈퍼마켓 진열대를 점령하고 있고, 이

제 이런 제품을 쉽게 구할 수 있다. 비건 제품은 계속 다양해지고 있으며 오늘날 다양한 식감과 질감의 제품들이 출시되고 있다.

비건 우유와 크림은 주로 견과류(아몬드, 헤이즐넛, 캐슈너트, 코코넛), 곡물(귀리, 쌀, 메밀, 외알밀) 혹은 대두로 만든다. 대두와 아몬드로 만든 제품은 가장 중성적인 맛으로 짠맛과 단맛에 모두 잘 어울린다. 곡물로 만든 우유는 더 달기 때문에 디저트와 우유 음료에 더 적합하다. 특유의 맛이 있는 헤이즐넛 우유와 코코넛 우유는 향을 입히는 요리에 이상적이다. 일반적인 경우와 이 책에 소개된 레시피에는 향이 없고 설탕이 첨가되지 않은 유기농 우유를 권장한다.

내가 주로 사용하는 요구르트는 두유 요구르트와 아몬드 요구르트이다. 영양이 풍부하고 진한 코코넛 요구르트는 디저트로, 혹은 그래놀라, 생과일과 함께 아침 식사로 활용하기에 좋다. 그릭 비건 요구르트도 서서히 매장에 등장하고 있다. 일반 요구르트에 비해 식감이 진하고 부드럽다.

양념/조미료

향신료와 마찬가지로 양념은 음식의 맛을 두드러지게 하는 데 꼭 필요한 재료이다. 소스, 피클, 처트니, 식초 등은 요리하는 중에 첨가하거나, 마지막에 추가하거나, 아니면 곁들여 낼 수도 있다. 머스터드와 코르니숑 외에도 덜 알려졌지만 다양한 향의 소스가 있다.

미소는 일본의 짠 발효 된장이다. 대두, 쌀, 보리 혹은 병아리콩에 소금과 물, 그리고 코지(麴, 누룩)라 불리는 발효제를 첨가한다. 일본에는 50여 종 이상의 미소가 있다. 프랑스에서는 아시아 식품점 혹은 친환경 식품점에서 주로 갈색 미소, 아카(붉은색) 미소, 단쇼쿠(옅은 색) 미소, 시로(흰색) 미소를 구입할 수 있다. 미소의 색으로 맛을 알 수 있는데 색이 짙을수록 맛이 강

사진 : 소렌토 레몬 절임 21.10.03.

하다. 이 책에 소개된 레시피에는 옅은 단쇼쿠 쌀 미소만으로도 충분하다.

피클은 식초와 향신료로 만든 피클 주스에 절인 채소다. 시고 매운맛이 두드러진다. 코르니숑이 가장 많이 알려졌지만 거의 모든 채소와 과일로 피클을 만들어 저장할 수 있다! 이 책은 피클을 만드는 여러 가지 조리법을 소개하고 있다.

유산균발효 채소는 신선한 채소를 잘게 잘라 소금물에 담근 후 실온에서 며칠 저장하여 만든다. 유산균발효가 진행되는 과정에 배출되는 유산균이 채소를 저장할 수 있게 해주고 때로는 놀라운 새로운 맛을 내준다. 내가 만두나 부침개에 이용하는 김치, 혹은 이 책에 조리법을 소개한 채소 피클을 예로 들 수 있다.

해조류는 프랑스에서는 아직 생소하지만 매우 놀라운 식재료이다! 비타민, 미네랄, 미량원소들이 풍부한 해조류가 수백 년 전부터 아시아 요리의 중요한 재료로 사용된 데에는 그만한 이유가 있다. 신선한 것, 말린 것, 얇게 펴서 말린 것, 혹은 가루 등 여러 가지 형태로 구할 수 있는 해조류는 여러 음식에 아이오딘이 함유된 바다의 맛을 더해준다. 유럽에서 가장 넓은 해초 재배지는 브르타뉴 지방의 로스코프이다. 이곳에서 지속가능한 친환경적인 방식으로 김, 다시마, 감태, 갈파래, 꼬시래기 등이 재배된다. 그야말로 행운이 아닐 수 없다!

기름

식물성 기름은 맛을 안정시키고, 식감과 향을 살리고 다양한 영양물을 공급하는 데 반드시 필요하다.

재료를 익히고 소스를 만들기 위해 내가 가장 많이 사용하는 기름은 (지중해 요리에 빠질 수 없는) 열에 강하고 향긋한 올리브오일이다. 구수한 볶은 향이 나는 참기름은 절이는 음식, 소스, 프라이팬에 굽는 요리에 이국적인 맛을 더하는 데 이상적이다.

포도씨유와 해바라기유는 맛이 강하지 않아 제과에 적합하다.

튀김에는 해바라기유와 땅콩유도 좋다.

코코넛 오일은 열을 가하면 액체가 되고 차가워지면 굳는 특징이 있다. 따라서 열을 가하지 않고 만드는 크림과 디저트에 적합하다. 코코넛 특유의 강한 맛이 있으므로 그 맛을 좋아하지 않는다면 무향 오일을 추천한다.

감미료

요리에 단맛을 내는 정제 백설탕 대체제에는 여러 가지가 있다. 비정제 천연 감미료는 미묘하게 달게 할 뿐만 아니라 다양한 매력적인 맛이 나게 한다. 나는 음식에 따라 적합한 감미료를 선택한다.

가루 설탕 : (마스코바도 혹은 라파두라와 같은) 사탕수수 원당과 코코넛 꽃설탕은 비정제 설탕이다. 마스코바도는 맛이 강하기 때문에 같은 양의 설탕으로 대체할 수 없다. 코코넛 설탕은 더 달고 미묘한 캐러멜 향이 나며 백설탕보다 혈당지수가 훨씬 낮다.

액체 설탕 : 메이플시럽은 내가 좋아하는 감미료다! 단맛뿐 아니라 수분과 풍미를 더하기 위해 메이플시럽만 사용하기도 하고 가루 설탕과 함께 사용하기도 한다. 메이플시럽 역시 혈당지수가 낮다. 코코넛 꽃 시럽, 아가베 시럽 그리고 야콘 시럽 역시 맛이 풍부한 훌륭한 설탕 대체제이다.

건과일 : 건과일(살구, 자두, 무화과, 포도, 크랜베리 등)과 특히 천연적으로 탄수화물이 풍부한 대추야자는 여러 요리에 단맛을 내는 데 사용되며 섬유질이 많고 풍미가 있다. 즙이 많고 달며 캐러멜 풍미가 있는 메줄 품종 대추야자는 불려서 믹서에 갈아 맛있는 소스를 만들 수 있다.

나는 가능한 한 단맛을 최소화하려고 노력한다. 맛을 보고 기호에 따라 감미료의 양을 과감히 조절하라.

기본 주방도구와 장비

대중요리의 장점 중 하나는 일반적으로 고가의 정밀한 장비가 필요하지 않다는 것이다. 이 책의 모든 조리법은 몇 가지 기본 조리 도구로 만들 수 있다. 즐겁게 요리하는 데 필요한 필수 도구 몇 가지를 소개한다.

좋은 칼. 칼은 요리사의 중요한 작업 도구이다. 재료에 적합하게 깔끔하고 효과적으로 자르고, 저미고, 다지는 필수 도구이다. 칼날이 긴 셰프나이프와 작은 과도만으로도 대부분의 식재료, 특히 채소와 허브를 편하게 손질하며 요리할 수 있다. 요리를 이제 시작하거나 실력을 향상시키고 싶다면 좋은 칼 구입을 강력 추천한다. 소중히 사용하며 관리를 잘하고 정기적으로 칼날을 갈아주면 다년간, 아니 거의 평생 사용할 수 있을 것이다.

필러(감자 칼)를 사용하면 채소의 껍질을 제거할 수 있을 뿐 아니라 예쁜 리본도 만들 수 있다. 경우에 따라서 채소를 매우 빠르게 가늘게 채 써는 데 효과적인 만돌린 채칼을 구비해도 좋다. 채칼이 없다면 날이 잘 갈린 칼이 필요하다.

정밀 저울은 요리에, 특히 양을 정확히 측량해야 하는 제과에 필수 도구이다. 그램 단위로 무게를 측량할 수 있는 정밀 저울은 베이킹파우더와 우무처럼 가볍고 유동적인 재료의 무게를 재는 데 매우 유용하다.

전자온도계는 액체와 뜨거운 음식의 온도를 정밀하게 조절하고, 음식을 튀기고, 캐러멜을 만들거나 초콜릿의 템퍼링에도 필수적인 도구이다.

블렌더 그리고 혹은 믹서기는 음식을 으깨고 분쇄하거나 퓌레로 만드는 데 사용된다. 개인적으로 나는 수십 년 전부터 큰 용기와 작은 용기가 있는 블렌더를 사용한다. 'S'자 형 칼날 믹서기도 적당한데, 식감이 있는 후무스를 만들 때 이상적이다. 식물성 우유, 견과류 퓌레 혹은 냉동 과일로 아이스크림을 만들고 싶다면, 고출력의 품질 좋은 블렌더를 추천한다. 핸드 블렌더는 일상적인 요리에 사용할 수 있지만 용도가 다소 제한적이다.

전기 거품 반죽기는 대량의 반죽을 섞거나 생크림을 휘핑하는 데 사용한다. 대부분의 제과용 믹서와 핸드 블렌더에 이 부품이 포함된다.

오븐. 다양한 요리 모드와 여러 층이 나뉘어 있는 전통 오븐은 대부분의 음식을 효과적으로 균일하게 요리하기에 충분하다. 오븐용 용기와 유산지 혹은 실리콘 매트도 필요하다.

바닥이 두꺼운 스테인리스 프라이팬과 냄비도 필요하다. 품질이 좋은 제품은 비싸긴 하지만 오래 사용할 수 있다.

짤주머니에는 몇 가지 모양의 깍지가 있다. 짤주머니는 앙트르메를 예쁘게 장식하거나 깔끔하게 충전재를 채우는 데 유용하다. 재사용할 수 있는 재질도 있다. 지퍼백의 한 귀퉁이를 잘라 사용할 수도 있다!

다양한 틀. 미리 기름을 바르거나 눌음방지 코팅이 된 양철 소재 케이크, 머핀, 타르트, 과자 틀이 필요하다. 실리콘 틀은 편리하지만 열전도성이 좋지 않아서 커다란 케이크에는 적합하지 않다. 분리형 높은 케이크 틀은 케이크를 틀에서 꺼내기 편하다.

샐러드 볼과 다양한 크기의 믹싱볼은 재료를 혼합하고 보관하는 데 사용된다.

스패출러, 실리콘 주걱, 거품기, 그 밖의 작은 조리 도구들도 유용하다.

시작하기 전 몇 가지 팁...

필요한 도구들을 갖추었으니 이제 시작해보자! 이 책은 다양한 조리법을 소개한다. 간단한 것들이 있는가 하면 더 많은 조리 단계가 필요한 것들도 있다. 여러분이 요리 초보자이든 숙련자이든 누구나 원하는 요리를 쉽게 만들 수 있을 것이다. 마지막으로 여러분이 요리를 확실히 성공할 수 있는 가장 소중한 팁을 알려주려고 한다.

요리를 시작하기 전 레시피 전체 읽기. 조리 과정 전체를 생각하며 각각의 단계에 적절하게 준비할 수 있을 것이다. 휴식 시간과 발효 시간이 필요한 레시피도 있고 전날 준비해야 하는 레시피도 있다.

조리 시작 전 장비와 재료를 준비하기. 요리는 잘 정돈된 적절한 작업 계획이 필요하다. 필요한 모든 도구와 재료를 손이 닿는 곳에 준비하면 집중해서 요리를 할 수 있어서 효과적이다.

정확하게 계량하기. 요리, 특히 제과에서 정확한 계량은 매우 중요하다. 반죽을 하거나 케이크를 만들 때 매우 정확히 재야 하는데, 특히 베이킹파우더와 우무 같은 활성 물질은 더 정확성이 요구된다.

요리에서 재료를 정확히 계량하면 비율을 맞출 수 있고 균형 잡힌 음식을 만들 수 있다. 레시피에 있는 재료의 양을 늘리거나 줄일 때는 각 재료의 양을 먼저 계산하고 기록해두어야 한다.

레시피에 따라 요리하는 과정 내내 자주 맛을 보기. 맛을 보며 자신이 원하는 맛을 내기 위해 양념을 조절해야 한다. 요리의 성공은 맛의 균형에 있다. 맛의 균형은 다섯 가지 맛, 즉 신맛, 쓴맛, 단맛, 짠맛, 감칠맛의 균형에서 만들어진다. 우리는 모두 맛을 다르게 인지하기 때문에 본인이 필요하다고 느끼면 소금 혹은 신맛을 더해 맛을 조절하라. 맛을 보면 조리 과정에서 잊고 안 넣은 재료가 무엇인지 알 수 있다!

텍스처에 민감해지기. 간단한 크레프 반죽이든 타르트 반죽이든 아니면 발효한 브리오슈 반죽이든... 반죽을 만들 때는 질감을 비판적으로 생각하라. 레시피에 적혀 있는 유형의 밀가루를 정확히 계량해서 사용해도 여러분과 내가 만든 결과물이 다를 수 있다. 예를

아침 식사
PETIT DÉJEUNER

시나몬 스월 Roulés à la cannelle

내가 시나몬 스월을 처음 맛본 것은 어느 추운 날 하루 종일 하이킹을 하고 돌아온 노르웨이의 작은 마을에서였다. 아마 이 경험은 영원히 내 마음에 각인되어 있을 것이다. 우선 계피향에 취하고 이어서 입에서 살살 녹는 부드러운 식감, 그리고 브리오슈 반죽과 캐러멜화한 설탕의 기막힌 맛에 사로잡혔다.

시나몬 스월 10개
준비 : 30분
휴지 : 2시간 15분
조리 : 18분

반죽
아몬드 우유 190㎖
드라이이스트 6g
코코넛 오일 60g
T55 밀가루 400g
코코넛 설탕 30g
카다멈 1ts
소금 5g

충전물
코코넛 설탕 30g
계핏가루 10g
마가린 50g

코팅
아몬드 우유 2Ts
메이플시럽 2Ts

믹싱볼에 아몬드 우유와 미지근한 물 45㎖를 섞는다. 표면에 이스트를 뿌리고 활성화되도록 5분 그대로 둔 후, 잘 녹게 섞는다. 코코넛 오일을 녹인다.

밀가루, 설탕, 카다멈, 소금을 제과용 믹싱볼이나 샐러드 볼에 넣고 섞는다. 우유, 이스트 코코넛 오일 혼합물을 넣는다. 반죽이 붙지 않고 매끈하면서 탄력이 있도록 후크를 장착한 반죽기를 사용하여 5~8분간 반죽한다. 주걱을 사용하여 손으로 재료들을 섞는다. 덧가루를 뿌린 작업대에 반죽을 놓고 반죽이 매끄러우면서 붙지 않을 때까지 적어도 10분 정도 치댄다.

반죽을 공처럼 둥글게 만들어 기름칠을 한 볼에 놓는다. 천으로 덮는다. 볼을 따뜻한 장소에 두고, 반죽이 부풀 때까지 혹은 부피가 두 배로 커질 때까지 약 1시간 30분 발효시킨다.

오븐을 180℃(th.6)로 예열한다. 볼에 코코넛 설탕과 계핏가루를 섞는다. 마가린이 부드러워 지도록 냉장고에서 꺼낸다.

덧가루를 뿌린 작업대에서 반죽을 밀어 40 x 20㎝ 크기의 사각형으로 만든다. 녹인 마가린을 바르고 설탕-계피 혼합물을 반죽 표면에 골고루 뿌린다. 4㎝ 폭으로 길게 자르고 너무 단단하지 않게 만다. 말아 놓은 반죽을 유산지를 깐 오븐 팬에 놓고 천으로 덮어 따뜻한 곳에서 45분 정도 발효시킨다.

아몬드 우유와 메이플시럽을 볼에 섞어 코팅 재료를 준비한다. 혼합한 코팅 재료를 말아 놓은 반죽에 바른 후, 오븐에서 15분 정도 굽는다. 오븐에서 꺼내 다시 코팅 재료를 바르고 먹음직스러운 갈색이 될 때까지 3분 추가로 굽는다. 몇 분 식힌 후 먹는다.

라즈베리 크림 브리오슈
Danoises briochées à la crème & aux framboises

덴마크 또는 비엔나풍의 페이스트리는 흔히 페이스트리 반죽에 크림과 아이싱이 곁들여진다. 겉으로는 간단해 보이지만 전 세계를 사로잡은 맛있는 디저트로 롤, 꽈배기, 매듭 모양의 페이스트리에 잼, 과일, 혹은 견과류를 곁들인 다양한 형태가 있다. 글루텐 프리 버전의 크림, 라즈베리, 피스타치오 크림 브리오슈를 만드는 레시피를 소개한다.

글루텐 프리

브리오슈 6개
준비 : 30분
휴지 : 5시간
조리 : 20분

크림
옥수수 전분 20g
코코넛 우유 225㎖
메이플시럽 60g
레몬즙 50㎖
레몬 제스트 1ts
바닐라 가루 ½ts
카다멈 가루 ¼ts
소금 1꼬집

반죽
쌀가루 170g
타피오카 가루 70g
옥수숫가루 60g
옥수수 녹말가루 60g
코코넛 설탕 60g
베이킹파우더 12g
소금 ¼ts
두유 200㎖
식용유(해바라기유, 포도씨유…) 40g

코팅
두유 6Ts
메이플시럽 1Ts
코코넛 설탕 4Ts

충전물
라즈베리 150g
피스타치오 40g
레몬 1개의 제스트

약간의 코코넛 우유에 전분을 풀어준다. 냄비에 전분을 푼 우유를 부은 후, 남은 우유와 크림 재료를 모두 넣고 섞어 끓인다. 끓기 시작하면 중불로 줄여서 혼합물의 농도가 진해질 때까지 거품기로 계속 저으며 5분간 조리한다. 크림을 그릇에 옮겨 미지근하게 식힌 후, 랩을 씌워 5시간 동안 서늘한 곳에 둔다.

오븐을 180°C(th.6)로 예열하고 유산지를 오븐 팬에 깐다.

샐러드 볼에 쌀가루, 타피오카 가루, 옥수숫가루, 녹말가루, 설탕, 베이킹파우더, 소금을 넣고 섞는다. 가운데를 움푹하게 파서 두유와 식용유를 붓는다. 매끄럽고 무르지만 붙지 않을 정도로 반죽한다. 반죽을 6등분하고, 둥글게 만든다. 판 위에 둥근 반죽을 놓고 가운데는 움푹하고 가장자리는 도톰하게 누른다.

작은 그릇에 두유와 메이플시럽을 넣고 섞는다. 둥글납작한 반죽에 코팅 재료를 붓으로 바르고, 가장자리에 설탕을 뿌린다. 반죽이 노릇해질 때까지 12분 동안 오븐에 굽는다. 오븐에서 꺼내서 다시 한 번 코팅 재료를 바른다. 완전히 식힌다.

크림을 섞어 부드럽게 만든다. 페이스트리 중앙에 크림을 넣고, 그 위에 라즈베리, 다진 피스타치오, 레몬 제스트를 올린다.

폭신한 미소 캐러멜 팬케이크
Pancakes moelleux & caramel au miso

아침 식사로 폭신한 팬케이크만큼 원기를 회복시켜주는 음식을 찾기는 어려울 것이다! 팬케이크는 단짠의 매력으로 전 세계 모든 세대가 언제나 즐겨 먹는 음식이다. 실제로 팬케이크가 수만 년 전에 등장했다는 것을 아는 사람은 별로 없을 것이다. 팬케이크는 처음에 곡물로 만든 두꺼운 전병 형태에서 점차 지금 우리가 잘 알고 있는 형태로 진화했다. 이런 맥락에서 내가 변형한 팬케이크 레시피를 소개한다.

글루텐 프리

팬케이크 8개
준비 : 20분
휴지 : 20분
조리 : 25분

미소 캐러멜 소스
연한 대추야자 6개
코코넛 우유 60g
바닐라 엑스트렉트 1ts
겐마이 미소 ½ts
플뢰르 드 셀 1꼬집

팬케이크
오트밀 가루 130g
아몬드 가루 30g
옥수수 전분 10g
코코넛 설탕 15g
베이킹파우더 12g
소금 ¼ts
대두 요구르트 160g
천연 비건 우유(아몬드 또는 대두) 140㎖
아몬드 퓌레 30g
바닐라 엑스트렉트 1ts
식용유

대추야자를 따뜻한 물에 20분 불려 씨를 제거하고, 나머지 캐러멜 재료들과 함께 블렌더에 넣는다. 소스가 덩어리지지 않고 부드럽게 될 때까지 간다. 필요하다면 원하는 농도가 되도록 물을 약간 추가한다. 서늘한 곳에 보관한다.

오트밀 가루, 아몬드 가루, 옥수수 전분, 설탕, 베이킹파우더, 소금을 큰 샐러드 볼에 넣고 섞는다.

다른 샐러드 볼에 요구르트, 우유, 아몬드 퓌레, 바닐라 엑스트렉트를 섞어 부드러운 크림을 만든다. 크림을 가루 혼합물에 붓고 반죽이 흐를 정도의 점도가 될 때까지 덩어리지지 않게 섞는다. 팬케이크를 부드럽고 폭신하게 만들려면 반죽을 너무 오래 섞지 않아야 한다! 반죽은 어느 정도 되어야 하지만 쉽게 부을 수 있을 정도의 점도여야 한다. 반죽이 너무 되면 우유를 약간 추가한다. 반죽이 너무 묽으면 가루를 조금 추가한다.

기름을 약간 두른 코팅 팬을 중불로 예열한다. 예열한 팬에 반죽을 한 국자 떠서 붓고 숟가락의 볼록한 부분으로 반죽을 둥글납작하게 펼친다. 팬케이크 표면에 기포가 생길 때 까지 익힌 후, 부드럽게 뒤집어 반대쪽도 2분 익힌다. 반죽을 모두 사용할 때까지 반복한다. 이 조리법의 용량은 중간 크기의 팬케이크 8장을 만들 수 있다.

소스를 듬뿍 뿌려 팬케이크를 바로 먹는다.

카카오 스무디 볼과 미니 시리얼 쿠키
Smoothie bowl au cacao & céréales mini-cookies

내가 좋아하는 아침 식사 메뉴다! 부드럽고 맛있는 초콜릿 맛 스무디 한 사발, 바삭한 미니 쿠키, 생과일, 그리고 땅콩버터 한 숟가락. 이 단순한 복고풍 조합은 바로 어린 시절을 상기시키고 하루를 시작하는 큰 힘이 된다.

글루텐 프리

1인분
준비 : 20분
조리 : 10분

미니 시리얼 쿠키
코코넛 오일 17g
오트밀 가루 30g
아몬드 가루 30g
계핏가루 ½ts
소금 1꼬집
메이플시럽 15g
카카오닙스 1Ts

스무디
바나나 1개
부드러운 대추야자 큰 것 1개
카카오 가루 1Ts
계핏가루 ½ts
코코넛 우유 100g

곁들임
바나나 ½개
땅콩버터 1Ts

오븐을 180°C(th.6)로 예열하고 오븐 팬에 유산지를 깐다. 코코넛 오일을 녹인다.

오트밀 가루, 아몬드 가루, 계핏가루, 소금을 샐러드 볼에 넣고 섞는다. 메이플시럽과 코코넛 오일을 넣고 살짝 끈적끈적한 반죽이 되도록 덩어리 없이 잘 섞는다. 카카오닙스를 넣는다. 반죽을 양손으로 굴려 작은 공 모양으로 만든다. 공 모양의 반죽을 오븐 팬에 놓고 손바닥으로 살짝 눌러 조금 납작하게 만든다. 10분간 오븐에서 구운 후, 팬에서 완전히 식힌다.

바나나의 껍질을 벗긴다. 대추야자의 씨를 제거하고 다진다. 스무디 재료를 모두 블렌더에 넣고 고출력으로 완전히 부드럽게 간다.

스무디를 그릇에 따르고, 미니 쿠키, 토막으로 자른 바나나, 땅콩버터 1숟가락을 넣는다. 바로 먹는다.

고구마 스무디 볼과 트로피컬 그래놀라

Smoothie bowl à la patate douce & granola tropical à la poêle

당신의 하루를 행복하게 해줄 아침 식사를 소개한다! 맛은 물론이고, 부드러운 고구마 스무디는 항산화 작용과 항염증 효과가 커서 특히 겨울 동안 신체에 활력을 불어넣어 준다. 발리의 트로피컬 과일 맛이 나는 바삭한 그래놀라와 함께 먹으면 더욱 좋다.

글루텐 프리/무지방

1인분(그래놀라 1병)
준비 : 20분
조리 : 20분

스무디
고구마 150g(약 ½개)
신선한 생강 1㎝
오렌지 ½개
강황 가루 ½ts
메이플시럽 1~2Ts
아몬드 우유 100㎖

그래놀라
오트밀 60g
땅콩 20g
코코넛칩(또는 간 코코넛) 15g
생강가루 ½ts
소금 1꼬집
메이플시럽 15g
바닐라 엑스트렉트 1ts
건구기자 10g
건파인애플 10g
건망고 10g

곁들임
코코넛 요구르트
생과일

고구마의 껍질을 벗기고 깍둑 썬다. 자른 고구마가 부드럽게 익을 때까지 끓는 물에 15~20분간 익힌다.

마른 프라이팬을 달궈 오트밀과 땅콩을 2분간 볶는다. 약불로 줄이고 코코넛, 생강가루, 소금을 넣는다. 균일하게 섞이도록 잘 저으며 1분 볶는다. 메이플시럽과 바닐라 엑스트렉트를 넣어 잘 섞고 2분간 더 볶는다. 작게 자른 건과일을 넣는다. 접시에 그래놀라를 붓고 얇게 펴서 완전히 식힌다.

신선한 생강의 껍질을 벗기고 잘게 썬다. 물기를 제거한 고구마, 생강, 오렌지 조각, 강황 가루, 메이플시럽, 아몬드 우유를 블렌더에 넣고 부드럽게 간다. 맛을 본 후 필요하면 메이플시럽을 추가한다.

볼에 스무디를 붓고, 그래놀라, 코코넛 요구르트 1 숟가락, 생과일을 올린다. 바로 먹는다.

초콜릿 견과류 크리스피 그래놀라
Granola croustillant aux noix & au chocolat

일요일, 잠에서 깨는 시간을 초월한 마법 같은 순간, 고요하고 온화한 이른 아침 그래놀라를 준비한다. 부엌에서 풍기는 구운 시리얼과 따뜻한 향신료의 향으로 원기를 회복해줄 맛있는 아침 식사가 준비되었다는 것을 짐작할 수 있다. 이런 즐거움을 아직 모른다면 한번 시도해보기 바란다! 그래놀라는 만들기 쉬울 뿐 아니라 맛이 좋아서 다시는 공장에서 만든 그래놀라를 찾지 않게 될 것이다.

글루텐 프리

큰 병 1개(6인분)
준비 : 10분
조리 : 30분
휴지 : 1시간

헤이즐넛 40g
아몬드 40g
다크초콜릿 30g
오트밀 100g
호박씨 20g
아몬드(혹은 다른) 가루 10g
계핏가루 1ts
소금 1꼬집
메이플시럽 60g
코코넛 오일 25g
바닐라 엑스트렉트 1ts

오븐을 150°C(th.5)로 예열하고 오븐 팬에 유산지를 깐다.

헤이즐넛과 아몬드 분량의 반을 굵게 빻는다. 초콜릿을 조각으로 자른다. 코코넛 오일을 녹인다.

오트밀, 헤이즐넛, 빻은 아몬드와 통 아몬드, 호박씨, 아몬드(혹은 다른) 가루, 계핏가루와 소금을 커다란 샐러드 볼에 넣고 섞는다. 메이플시럽, 코코넛 오일과 바닐라 엑스트렉트를 첨가하고 스패출러로 섞는다. 준비된 혼합물을 스패출러나 손으로 오븐 팬에 펼쳐 일정한 두께의 네모 모양으로 만든다.

그래놀라가 노릇하게 익을 때까지 30분간 오븐에 굽는다. 그래놀라가 타지 않도록 마지막 몇 분은 주의해서 살핀다. 이 단계에서 그래놀라를 섞지 않는다! 그래놀라를 오븐에서 꺼내서, 여전히 섞지 않은 채 즉시 조각으로 자른 초콜릿을 균일하게 뿌려준다. 약 1시간 동안 오븐 팬에서 완전히 식힌다. 그래놀라가 단단하게 건조될 때까지 기다렸다가 작은 조각으로 자른다.

팁과 활용
- 바삭하면서도 두껍게 만들려면 그래놀라가 완전히 식을 때까지 절대로 건드리지 말아야 한다!
- 이 레시피를 기본으로 개인의 취향에 따라 원하는 대로 재료를 조절할 수 있다. 예를 들면 피칸, 캐슈너트, 해바라기 씨, 코코넛을 사용해도 되고, 마지막 단계에서 향신료(생강, 카다멈…) 혹은 건과일을 추가할 수 있다. 상상력을 맘껏 발휘해보자!

캐러멜 시럽과 구운 사과를 얹은 크리미 오트밀 죽

Porridge crémeux, pommes rôties & caramel

누가 오트밀 죽이 맛없고 질린다고 했을까? 입에서 살살 녹는 사과와 홈메이드 캐러멜 소스를 곁들인 영양이 풍부하고 부드러운 이 오트밀 죽을 먹어보면 여러분의 생각이 바뀔 것이다! 이것은 원기를 회복시켜주는 영양가 많은 대표적인 아침 식사다. 믿을 수 없을 정도로 크림이 풍부하면서도 가벼운 식감을 위한 비법은? 오트밀을 밤새 물에 불리는 것이다. 이렇게 하면 소화가 더 잘되고, 조리 시간을 단축할 수 있다.

글루텐 프리/무지방

2인분
준비 : 20분
불리기 : 하룻밤
조리 : 10분

오트밀 죽
오트밀 75g
아몬드 우유 300㎖
계핏가루 1ts
소금 1꼬집
메이플시럽 2Ts
아몬드 버터 1Ts
바닐라 엑스트렉트 1ts

구운 사과
사과 1개
사과식초 2Ts

캐러멜 소스
아몬드 버터 2Ts
메이플시럽 2Ts
바닐라 엑스트렉트 1ts

곁들임
초콜릿 견과류 크리스피 그래놀라
(p.49 참조)
비건 요구르트

전날 밤에 오트밀, 아몬드 우유, 물 150㎖를 냄비에 넣고 섞는다. 밤새 불린다.

밤새 불려 놓은 오트밀을 불에 올리고, 끓기 시작하면 약불로 줄여 8~10분 정도 저으며 익힌다. 크림처럼 되직해지면 계핏가루, 소금, 메이플시럽, 아몬드 버터, 바닐라 엑스트렉트를 넣는다. 불을 끄고 뚜껑을 덮는다.

사과를 씻어서 깍둑 썬다. 예열한 프라이팬에 기름을 두르지 않고 5분 정도 중불에서 익힌다. 사과가 무르고 연한 갈색이 되면, 식초를 넣고 수분이 증발될 때까지 몇 분 더 익힌다.

작은 볼에 캐러멜 소스의 재료를 모두 섞는다.

미지근한 오트밀 죽에 구운 사과, 요구르트 한 숟가락, 그래놀라 한 줌을 올린다. 소스를 전체에 덮는다.

팁과 활용
오트밀을 부드럽게 하고 오트밀 죽을 가볍게 하기 위해 밤새 오트밀 불리기를 추천한다. 불리기 과정을 생략하고 당일 바로 만들 수도 있지만, 이 경우 조리 시간을 더 길게 잡아야 한다.

추로스 스타일 프렌치토스트

Pain perdu roulé façon churros

해변가, 축제의 한복판, 크리스마스 마켓에서 한 번도 추로스를 먹어보지 않은 사람이 있을까? 추로스는 계절에 상관없이 즐길 수 있는 간식이다! 추로스의 역사는 짧지 않은데, 아마도 오래전 포르투갈의 상인들이 중국에서 아이디어를 가져왔을 것이다. 요리는 전 세계 문화를 반영한다! 오랜 전통의 두 가지 음식인 프렌치토스트와 추로스를 결합하여 맛있는 홈메이드 초콜릿 소스에 찍어 먹는 추로스 스타일 프렌치토스트의 쉽고 간단한 레시피를 소개한다. 손가락까지 빨아먹게 될 것이다!

10개
준비 : 20분
조리 : 10분

프렌치토스트
식빵 10장
두유 150㎖
아마씨 가루 10g
메이플시럽 3Ts
바닐라 엑스트렉트 1ts
코코넛 설탕 20g
코코넛 가루 30g
계핏가루 1ts
코코넛 오일 또는 식용유

초콜릿 소스
다크초콜릿 60g
아몬드 우유 100㎖
메이플시럽 1Ts
식물성 크림1Ts

식빵의 껍질을 잘라내고, 제과용 밀대로 납작하게 민다.

두유와 아마씨 가루를 볼에 넣고 섞는다. 5분 동안 그대로 두어 혼합물을 잘 불린 후 메이플시럽과 바닐라 엑스트렉트를 첨가한다. 설탕과 코코넛 가루를 납작한 접시에 부어 잘 섞는다.

붓으로 식빵의 한 면에 두유와 아마씨 가루 혼합물을 바르고, 계핏가루 분량의 반을 빵 위에 골고루 뿌린다. 식빵을 단단하게 말아 둥글게 만든다. 둥글게 만 빵을 두유와 아마씨 혼합물에 담갔다가 설탕과 코코넛 가루 혼합물에 굴려 완전히 묻힌다.

약간의 기름을 두른 프라이팬을 예열한 후 둥글게 만 빵을 굴리며 모든 면이 갈색이 될 때까지 4~5분 굽는다. 구운 빵을 기름종이가 깔린 접시 위에 놓고 나머지 계핏가루를 뿌린다.

초콜릿을 다지고, 아몬드 우유와 함께 작은 냄비에 넣는다. 저온에서 저으며 녹인다. 불을 끄고 메이플시럽과 크림을 넣는다. 몇 분 동안 식힌다.

초콜릿 소스에 빵을 찍어 먹는다.

팁과 활용
- 이 조리법은 모든 종류의 식빵을 사용할 수 있다. 흰 식빵으로 만들면 더 부드럽고 덜 부서지겠지만, 통밀, 통곡물로 만든 식빵이나 필요하다면 글루텐 프리 식빵을 사용해도 된다.
- 더 맛있게 먹으려면 식빵을 둥글게 말기 전, 빵에 땅콩버터 혹은 홈 메이드 초콜릿 잼(p. 55 레시피 참조)를 바른다.

고구마 토스트, 초콜릿 잼과 홈메이드 잼
Toasts de patate douce, pâte à tartiner au chocolat & confiture maison

여러분은 '프랑스식 아침 식사' 하면 분명히 «타르틴»(버터, 잼을 바른 빵조각)이 떠오를 것이다! 단순한 편견이 아니라, 유명한 버터-잼 타르틴은 프랑스인의 식탁에서 빠질 수 없는 것으로, 프랑스 식문화에 깊이 뿌리박혀 있다. 그런데, 오래전부터 먹은 구운 빵에 싫증이 났다면 놀라운 버전의 고구마 토스트가 있다. 잼과 홈메이드 초콜릿 잼을 듬뿍 발라 먹어보면 분명 여러분의 마음에 들것이다! 물론 글루텐 프리에 정제 설탕도 사용하지 않지만 놀라운 맛에 만족할 것이다!

글루텐 프리

토스트 4개, 잼 1작은 병,
초콜릿 잼 1작은 병
준비 : 20분
휴지 : 30분
조리 : 20분

잼
붉은 생과일 혹은 냉동 붉은 과일 200g
치아씨드 30g
메이플시럽 1~ 2Ts
레몬즙 1Ts

초콜릿 잼
붉은 강낭콩 병조림 혹은 통조림 80g
큰 대추야자 4개
헤이즐넛 퓌레 40g
무설탕 카카오 가루 20g
소금 1꼬집
비건 우유 40㎖

토스트
(가공하지 않은) 큰 고구마 1개

작은 냄비에 붉은 과일을 넣는다. 누글누글해질 때까지 중불에서 5분 익힌 후, 포크로 으깨 퓌레를 만든다. 불을 끈 후, 치아씨드, 메이플시럽, 레몬즙을 넣고 섞는다. 병에 담고 잼의 농도가 진해지도록 30분 동안 선선한 곳에 둔다.

콩을 헹군 후 물기를 제거한다. 대추야자를 뜨거운 물에 20분 불려 부드럽게 만든다. 대추야자의 씨를 제거하고 다진 후, 콩과 함께 믹서기나 블렌더에 넣고 갈아 걸쭉한 반죽을 만든다. 헤이즐넛 퓌레, 카카오, 소금을 넣은 후, 다시 믹서기나 블렌더로 간다. 빵에 바를 수 있는 점도가 될 때까지 천천히 우유를 부으며 계속 간다. 병에 붓고 선선한 곳에 보관한다.

고구마를 씻고 말린다. 가공하지 않은 고구마라면 껍질을 제거하지 않아도 되고, 제거해도 무방하다. 약 6㎜ 두께로 균일하게 길게 자른다.

<u>토스터</u> : 길게 자른 고구마 조각을 토스터에 넣고 가장 센 버튼을 누른다. 고구마가 연해지고 색이 약간 변할 정도로 익을 때까지 반복한다. 타지 않도록 주의한다!
<u>오븐</u> : 길게 자른 고구마 조각에 기름을 조금 칠하고 유산지를 깐 오븐 팬에 놓은 후 오븐에 넣는다. 고구마가 부드러워지고 색이 날 때까지 190°C(th.6~7)에서 12~15분 굽는다.

팁과 활용
붉은 생과일 혹은 붉은 냉동 과일(라즈베리, 블루베리, 커런트, 딸기...)은 치아씨드 잼을 만드는 데 특히 적합하지만, 다른 과일(무화과, 자두, 살구...)도 사용할 수 있다. 이 경우 좀 더 오래 조리해야 한다.

견과류와 건과일이 든 부드러운 쿠키
Cookies moelleux aux graines & aux fruits secs

아침 식사로 쿠키를? 그렇다! 이 맛있는 비스킷이라면 무엇이든 가능하다! 이 버전은 정제 설탕을 사용하지 않고 섬유질이 풍부하고 포만감도 높아, 내가 정말 좋아하는 영양 만점의 맛있는 아침 식사 대용식, 또는 건강한 간식이다. 이 쿠키는 휴대와 보관이 간편해서 직장에 가져가서 먹어도 되고, 이동 중이거나 활동량이 많을 때, 피크닉 혹은 캠핑할 때도 이상적이다.

글루텐 프리

쿠키 8개
준비 : 10분
조리 : 12분

코코넛 오일 60g
오트밀 100g
오트밀 가루 60g
아몬드 가루 50g
베이킹파우더 6g
계핏가루 1ts
소금 1꼬집
아몬드 버터 80g
메이플시럽 50g
코코넛 설탕 30g
바닐라 엑스트렉트 1ts
호박씨 20g
호두 20g
건크렌베리 20g
건살구 30g
다크 초콜릿 칩 30g

오븐을 180℃(th.6)로 예열하고 오븐 팬에 유산지를 깐다. 코코넛 오일을 녹인다.

오트밀, 오트밀 가루, 아몬드 가루, 베이킹파우더, 계핏가루, 소금을 샐러드 볼에 넣어 섞는다.

다른 샐러드 볼에 아몬드 버터, 코코넛 오일, 메이플시럽, 설탕, 바닐라 엑스트렉트를 넣고 섞어 덩어리 없이 매끈한 묽은 반죽을 만든다. 위의 마른 재료를 모두 붓고 다시 섞는다. 골고루 잘 섞인 반죽은 약간 건조하여 쉽게 부서지지만, 모양을 만들 수 있을 만큼 충분히 단단해야 한다. 호박씨, 잘게 다진 견과류, 크랜베리, 다진 살구, 초콜릿 칩을 넣고 섞는다.

반죽을 손으로 단단히 뭉쳐서 둥근 공 모양으로 8개를 만든다. 둥근 반죽을 오븐 팬에 놓고 조심히 눌러 납작하게 만든다. 굽는 동안 반죽이 풀어지지 않도록 이 단계에서 쿠키 모양을 제대로 만드는 게 중요하다.

쿠키가 노릇하게 익을 때까지 오븐에서 12분 굽는다. 팬에서 그대로 식힌다. 오븐에서 쿠키를 꺼낼 때 부서지기 쉬우므로 건드리지 않도록 주의한다. 쿠키는 식으면서 단단해진다.

잉글리시 브렉퍼스트 스타일의 짭짤한 오트밀 죽 Porridge salé façon English breakfast

나는 오랫동안 아침 식사로 짭짤하게 먹는 걸 주저했다. 그래서 학업을 위해 스코틀랜드에 갔을 때 전통적인 잉글리시 브렉퍼스트에 전혀 끌리지 않았다. 아침 식사로 강낭콩, 버섯, 시금치라니? 나로서는 천만의 말씀이었다! 맛있고 영양가 있는 요리를 맛보고 발견하기 전까지는 그랬다... 여러분이 이미 짭짤하면서도 단맛이 있는 요리를 좋아한다면, 호박이 들어간 이 부드러운 오트밀 죽으로 재해석한 잉글리시 브렉퍼스트 덕분에 분명히 브리티시 스타일을 따르게 될 것이다.

글루텐 프리

2인분
준비 : 25분
조리 : 20분

구운 방울토마토
방울토마토 10개
올리브오일 1Ts
발사믹 식초 2ts
소금 1꼬집

오트밀 죽
호박 120g
오트밀 50g
흰 강낭콩 통(병)조림 50g
생시금치 2줌
마늘 분말 ½ts
커민 ½ts
소금, 후추

볶은 버섯
양송이버섯 120g
간장 2Ts
마늘 ½통
생타임 또는 말린 타임 ½ts
말린 오레가노 ½ts
올리브오일 1Ts
소금, 후추

구운 옥수수
익힌 옥수수 통(병)조림 50g
올리브오일 1ts
소금

곁들임
플레인 비건 요구르트
차이브(서양실파)
후추

오븐을 180°C(th.6)로 예열한다.

오븐용 접시에 방울토마토를 놓는다. 기름, 식초, 소금을 넣고 잘 섞어서 토마토에 골고루 뿌린다. 방울토마토가 약간 쪼글쪼글해질 때까지 오븐에서 20분간 굽는다.

가공하지 않은 호박은 껍질을 벗기지 않고 강판에 간다. 냄비에 오트밀과 간 호박, 물 250㎖를 넣고 섞는다. 끓기 시작하면 약불로 줄이고 계속 저으며 약 8분간 졸인다. 오트밀 죽이 크림처럼 부드러워지면, 씻은 후 물기를 뺀 흰 강낭콩, 시금치, 마늘, 커민을 추가로 넣고 간을 한다. 2분 더 끓인 후 불을 끄고 뚜껑을 덮는다.

버섯을 씻고 크게 자른다. 볼에 간장, 다진 마늘, 타임, 오레가노를 넣어 섞고, 버섯을 넣어 5분 재운다. 프라이팬에 기름을 넣고 가열한다. 절인 버섯과 절임 소스를 프라이팬에 함께 넣고 가끔 저으면서 센 불에서 5분 볶는다. 간을 한다.

옥수수는 물기를 빼고 기름을 두른 팬에 3~4분 굽는다. 소금 간을 한다.

따뜻한 오트밀 죽에 구운 방울토마토, 버섯, 구운 옥수수, 요구르트 한 숟가락을 얹는다. 다진 차이브를 뿌리고, 후추를 갈아 올린다.

브레첼 버거, 채소 지짐과 병아리콩 스크램블

Bretzel burgers, galettes de légumes & brouillade de pois chiches

버거의 장점은 실질적으로 제약이 없다는 것이다! 그렇다면 아침 식사로 먹지 못할 이유가 있을까? 부드러운 브레첼, 뿌리채소 지짐, 병아리콩 스크램블로 만든 이 맛있는 작은 버거는 브런치로도 아주 훌륭하다.

미니 버거 4개
준비 : 40분
휴지 : 1시간 30분
조리 : 30분

브레첼 반죽
두유 75㎖
생이스트 10g
(혹은 드라이이스트 5g)
T65 밀가루 260g
소금 6g
식용유 40g
비카르보나트 드 수드(베이킹소다) 100g
소금 1Ts

채소 지짐
고구마 100g
파스닙 100g
당근 60g
양파 1개
병아리콩 가루 60g
소금, 후추
올리브오일

병아리콩 스크램블
병아리콩 가루 50g
식이 효모 2Ts
겨자 가루 1Ts
강황 가루 ½ts
마늘 분말 1ts
칼라 나마크 소금 1꼬집
비건 우유 130㎖
올리브오일

소스
진한 비건 요구르트 80g
농축 토마토 20g
메이플시럽 2ts
간장 1Ts
발사믹 식초 1Ts
마늘 분말 1ts
훈제 파프리카 1ts
소금 1꼬집

곁들임
새싹 시금치

미지근한 물 75㎖와 두유를 섞는다. 이스트를 표면에 뿌리고 5분 동안 그대로 두어 활성화시킨 후 잘 녹도록 섞는다.

제과용 반죽기의 용기나 큰 샐러드 볼에 밀가루와 소금을 섞는다. 가운데를 움푹하게 만들어 기름과 위의 물, 두유, 이스트 혼합물을 붓는다. 반죽이 붙지 않고 매끈하면서 탄력이 있도록 후크를 장착한 반죽기를 사용하거나 덧가루를 뿌린 작업대에서 손으로 8~10분 반죽한다. 반죽을 굴려 둥글게 만들고 기름칠한 샐러드 볼에 넣는다. 천으로 덮는다. 샐러드 볼을 따뜻한 곳에 놓고 반죽이 두 배로 부풀 때까지 1시간 정도 발효시킨다. 작업대에 덧가루를 뿌리고 반죽을 4등분한 후, 둥근 모양으로 만든다. 유산지를 깐 오븐 팬에 둥글게 만든 반죽을 놓고 천으로 덮어 30분 동안 휴지시킨다.

오븐을 200˚C(th.6~7)로 예열한다. 큰 냄비에 물 1리터와 베이킹소다, 소금을 넣고 끓인다. 망국자를 이용하여 끓는 물에 둥근 반죽을 하나씩 넣고 30초 데친다. 빵의 물기를 제거하고 오븐 팬에 놓는다. 오븐에서 20분 굽는다. 몇 분 둔 채 미지근하게 식힌다.

고구마, 파스닙, 당근의 껍질을 벗겨 간다. 양파의 껍질을 벗기고 다진다. 샐러드 볼에 채소와 밀가루를 넣고 간을 한 후, 섞어 반죽을 만든다. 기름을 둘러 달군 프라이팬에 반죽을 크게 4숟가락 떠서 놓는다. 지짐의 양면을 3분씩 갈색이 되도록 익힌다.

병아리콩 가루, 이스트, 겨자 가루, 강황 가루, 마늘 분말, 소금을 샐러드 볼에 넣고 섞는다. 반죽이 덩어리지지 않고 부드럽게 되도록 우유를 넣으며 섞는다. 큰 프라이팬에 약간의 기름을 부어 예열한다. 기름을 두른 가열된 팬에 반죽을 붓고 1분 동안 익힌다. 반죽이 두꺼워지면 주걱을 사용하여 잘게 쪼개며 섞고, 2분 더 익힌다.

볼에 소스 재료를 모두 섞는다. 빵을 반으로 자른다. 빵의 한 면에 기본 소스를 바르고 그 위에 채소 지짐, 새싹 시금치, 병아리콩 스크램블을 얹는다. 남은 빵에도 소스를 발라 올린다.

땅콩과 표고버섯을 곁들인 후무스 타르틴

Tartines de houmous à la cacahuète & shiitakes

후무스는 채식 요리의 핵심이다. 근동 지방 및 지중해의 대표적 음식인 후무스는 맛있을 뿐만 아니라 만들기 쉽고 단백질도 풍부하다! 병아리콩과 참깨 퓌레로 만드는 전통적인 후무스를 이미 알고 있다면 흰 강낭콩과 땅콩버터를 사용한 이 놀라운 버전의 후무스를 기대해도 좋다. 토스트에 양껏 펴 바르거나, 모든 요리에 사용할 수 있다!

글루텐 프리 옵션

타르틴 2개
준비 : 20분
조리 : 20분

구운 방울토마토
방울토마토 10개
올리브오일 1Ts
발사믹 식초 2ts
소금 1꼬집

표고버섯 볶음
표고버섯 50g
간장 3Ts
메이플시럽 1ts
마늘 ½쪽
생생강 1㎝
코코넛 오일 1Ts

후무스
통(병)조림 말린 흰 강낭콩 150g
땅콩버터 30g
플레인 비건 요구르트 1Ts
레몬즙 1Ts
마늘 가루 ½ts
파프리카 가루 ½ts
소금 1꼬집

타르틴
빵(필요하면 글루텐 프리) 2장
구운 잣 1줌
루콜라
발사믹 식초 약간

오븐을 180°C(th.6)로 예열한다. 오븐용 접시에 방울토마토를 놓는다. 그 위에 올리브오일, 식초, 소금을 섞어 골고루 뿌린다. 방울토마토가 약간 쪼글쪼글해질 때까지 20분간 굽는다.

표고버섯을 조심히 닦고 물기를 말린다. 버섯의 기둥을 제거하고 얇게 편으로 썬다.

간장, 메이플시럽, 다진 마늘, 간 생강을 볼에 담아 섞는다.

팬에 코코넛 오일을 두르고 예열한 후 표고버섯을 센 불에서 8분 저으며 볶는다. 소스를 넣고 계속 저으며 5분 더 볶는다. 팬을 불판에서 멀리 놓는다.

씻어서 물기를 뺀 콩과 후무스 재료를 모두 믹서나 블렌더에 넣고 덩어리 없이 부드러운 크림이 될 때까지 간다. 맛을 보고 간을 맞춘다.

빵을 굽고, 후무스를 바르고, 그 위에 토마토와 표고버섯을 얹는다. 잣, 루콜라를 얹고, 먹기 전에 발사믹 식초를 조금 뿌린다.

샌드위치 SANDWICHS

토마토와 으깬 병아리콩을 넣은 팡 바냐
Pan-bagnat à la tomate & écrasé marin de pois chiches

'빈자의 음식'이라는 별명을 가진 팡 바냐는 비록 단순한 재료로 만들지만, 맛만은 풍부하다. 둥근 빵에 파프리카, 올리브, 토마토, 바질, 올리브오일, 때로는 안초비와 참치 등의 신선한 현지 제철 식재료를 넣어 만든 니스식 샌드위치다. 홈메이드 토마토와 바다 맛 으깬 병아리콩을 넣은 작은 빵으로 만드는 팡 바냐 레시피를 소개한다.

샌드위치 4개
준비 : 20분
휴지 : 1시간 40분
조리 : 20분

토마토 작은 빵
생이스트 12g
(혹은 드라이이스트 6g)
T65 밀가루 300g
토마토 퓌레 45g
생타임 6장
드라이 토마토 45g

으깬 병아리콩
샬롯 2개
케이퍼 10g
딜 4줄기
익힌 병아리콩 260g
김 ½장
머스터드 2Ts
올리브오일 2Ts
소금물 혹은 식초에 절인 케이퍼 2Ts
메이플시럽 2ts
후춧가루 1꼬집
칼라 나마크 1꼬집

곁들임
토마토 2개
오이 ½개
검은 올리브 8개
딜

미지근한 물 180㎖에 이스트를 잘게 부수어 넣고 5분 동안 활성화되도록 그대로 두었다가 잘 섞어 녹인다.

볼이나 믹서기의 믹싱볼에 밀가루와 소금을 넣고 섞는다. 여기에 물과 이스트 혼합물을 섞는다. 토마토 퓌레, 타임, 잘게 다진 드라이 토마토를 넣는다. 반죽이 붙지 않고 매끈하면서 탄력이 있도록 후크를 장착한 반죽기로 혹은 손으로 8~10분간 반죽한다. 반죽을 둥글게 빚어 기름을 바른 볼에 놓는다. 천으로 덮어서 크기가 두 배로 커질 때까지 1시간 따뜻한 곳에서 발효시킨다.

반죽을 4등분하여 작은 공 모양으로 빚어 유산지를 깐 판에 놓고 다시 천으로 덮어 40분 더 발효시킨다.

샬롯의 깝질을 벗기고, 케이퍼, 딜과 함께 다진다. 씻어서 물기를 뺀 병아리콩을 포크로 으깬다. 다진 샬롯, 케이퍼, 딜과 잘게 찢은 김, 그리고 나머지 재료들을 넣고 섞어 크림 같이 부드러운 반죽을 만든다. 간을 보고 부족한 양념을 넣는다. 랩으로 싸서 서늘한 곳에 보관한다.

오븐을 230℃(th.7~8)로 예열한다. 토마토와 오이를 얇게 자른다. 올리브의 씨를 빼고 반으로 자른다.

빵이 노릇하게 익을 때까지 오븐에서 20분 구운 후, 그릴에서 그대로 식힌다. 빵을 반으로 갈라 으깬 병아리콩, 얇게 자른 토마토와 오이, 올리브와 딜로 속을 채운다.

팁과 활용
오븐에서 갓 꺼낸 집에서 구운 빵보다 더 신선한 빵은 없다! 하지만 이미 만들어진 작은 빵이나 이 책에 레시피가 소개된 다른 빵들을 사용해도 된다. 햄버거 빵, 피타, 랩, 식빵 등 여러 가지 선택이 가능하다! 아이오딘과 바다 맛이 나는 으깬 병아리콩은 쌀이나 파스타, 몇 가지 채소, 올리브, 옥수수와 섞어 냉 샐러드로 만들어 먹을 수도 있다.

두부, 페스토, 구운 파프리카 바게트 샌드위치
Sandwich baguette au tofu mariné, pesto & poivron grillé

바질, 올리브오일, 구운 파프리카, 프로방스 허브 등은 생각만 해도 기분이 좋아지는 남프랑스와 태양을 떠올리게 하는 맛이다! 현지의 신선한 제철 재료로 풍부한 맛을 느끼게 해주는 진정한 샌드위치를 만들 수 있다. 점심시간에 어디든 가져가서 소소한 일탈을 즐길 수 있다.

샌드위치 2개
준비 : 20분
휴지 : 3시간
조리 : 20분

절인 두부
단단한 두부 100g
올리브오일 2Ts
사과식초 2Ts
식이 효모 1Ts
마늘 ½알
말린 오레가노 1ts
소금 ¼ts

구운 파프리카
샬롯 2개
붉은색 파프리카 1개
올리브오일 1Ts
프로방스 허브 1ts
소금 한 꼬집

페스토
생바질 20g
마늘 ½알
잣 70g
식이 효모 3Ts
올리브오일 2Ts
레몬즙 1Ts
소금, 후추

곁들임
바게트 빵 1개
블랙 올리브 8개
루콜라 2줌

두부를 키친타월로 눌러 수분을 최대한 제거한 후 5㎜ 두께로 길게 자른다.

움푹한 그릇에 기름, 식초, 효모, 다진 마늘, 오레가노와 소금을 섞는다. 위의 두부를 넣고 양념이 골고루 묻도록 섞는다. 적어도 3시간 (가능하면 하룻밤) 서늘한 곳에서 재운다.

오븐을 200℃(th6~7)로 예열한다.

파프리카를 씻고 물기를 제거한 후 씨를 발라내고, 넓게 자른다. 오븐 팬에 유산지를 깔고 자른 파프리카의 겉면이 위로 오게 놓는다. 그 위에 기름을 붓고 프로방스 허브와 소금을 뿌린 후 간이 잘 배도록 손으로 펴 바른다. 파프리카의 표면이 쪼글쪼글해지고 자른 단면이 갈색이 될 때까지 오븐에서 20분 굽는다. 꺼내기 전에 식힌다.

바질과 마늘 한 알을 다지고, 페스토 재료를 모두 믹서기나 블렌더에 넣는다. 약간의 알갱이가 있으면서도 크림 같은 질감이 될 때까지 갈고 간을 한다.

바게트를 반으로 자르고, 길게 배를 가른다. 올리브의 씨를 제거하고 편으로 썬다. 빵의 안쪽에 페스토를 바르고 절인 두부, 구운 파프리카, 루콜라, 올리브를 넣는다.

팁과 활용
- 간단히 만들 수 있는 절인 두부는 여러 요리에서 페타 치즈처럼 사용할 수 있다. 깍둑썰기로 토마토, 오이, 블랙 올리브, 수박과 곁들여 샐러드의 풍미를 더할 수 있다. 또한 구운 채소, 샥슈카, 파스타 혹은 프로방스 풍미가 있는 모든 요리에 잘게 부수어 뿌릴 수도 있다.
- 바질 페스토는 항상 냉장고에 있어야 할 기본 재료이다! 파스타, 리소토에 감칠맛을 더하는 놀라운 재료이며, 간단히 토스트에 발라서 아페리티프로 활용해도 훌륭하다.

최고의 치즈 버거 L'ultime cheese burger

소개가 필요없는 스트리트 푸드의 대명사, 미국 문화와 패스트푸드의 상징, 바로 그것이 햄버거가 아닐까? 이름에서 보여주듯, 이 유명한 샌드위치는 대서양을 건너 전 세계를 정복하기 전 독일의 함부르크에서 태어났다. 트렌드에 맞게, 프랑스인들은 그 누구보다 버거에 열광하는데, 믿기 힘들지만 프랑스는 유럽에서 햄버거를 가장 많이 먹는 나라이기도 하다! 직접 만든 부드러운 번과 식물성 스테이크, 구운 쌀 베이컨 슬라이스, 양파 피클과 녹진한 치즈 소스의 이 수제 치즈 버거로 햄버거에 대한 경의를 표할 수 있길 바란다.

버거 4개
준비 : 1시간
휴지 : 1시간 30분
조리 : 40분
불리기 : 20분

버거 번
마가린 50g
생이스트 12g
(혹은 드라이이스트 6g)
T55 밀가루 300g
사탕수수 설탕 12g
소금 4g
아몬드유 125㎖
두유 50㎖
메이플시럽 1Ts
참깨 2Ts

식물성 스테이크
양파 ½개
브라운 양송이 버섯 240g
올리브오일 1Ts
익힌 현미 300g
적강낭콩 통(병)조림 240g
간장 1Ts
마늘 분말 ½ts
말린 타임 1ts
소금, 후추

쌀 베이컨
간장 4Ts
올리브오일 2Ts
토마토 페이스트 2Ts
메이플시럽 1Ts
훈연액(선택사항) ½ts
파프리카 가루 1ts
라이스 페이퍼 4장

양파 피클
적양파 1개
화이트 식초 30㎖
사탕수수 설탕 1Ts
굵은소금 1ts

치즈 소스
캐슈너트 100g
마늘 1알
식이 효모 10g
비건 우유 100㎖
레몬즙 2Ts
머스터드 1Ts
양파 분말 1ts
훈제 파프리카 ½ts
강황 ½ts
소금 1꼬집

바비큐 소스
토마토 페이스트 40g
간장 2Ts
애플사이더 식초 2Ts
메이플시럽 1Ts
마늘 분말 1ts
훈제 파프리카 1ts
커민 가루 ½ts
고춧가루 ¼ts
소금 1꼬집

곁들임
상추잎 4장

마가린을 녹인다. 생이스트를 미지근한 물 30㎖에 잘게 부수어 넣고 5분간 활성화시킨 다음 잘 섞어 녹인다.

밀가루, 설탕, 소금을 믹싱볼이나 큰 샐러드 볼에 넣는다. 가운데를 우묵하게 만든 다음 녹인 마가린과 아몬드유, 이스트 혼합물을 넣는다. 반죽이 붙지 않고 매끈하면서 탄력이 있도록 후크를 장착한 반죽기를 사용하여 혹은 덧가루를 뿌린 작업대에서 손으로 8~10분간 반죽한다. 공 모양으로 성형하여 기름칠한 샐러드 볼에 넣는다. 천으로 덮고 따뜻한 곳에서 반죽이 부풀도록 약 1시간 정도, 혹은 반죽의 부피가 두 배가 될 때까지 발효시킨다.

반죽을 4등분하고 둥근 공 형태로 만든다. 유산지를 깐 오븐 팬 위에 반죽을 올려놓고 한 번 더 천을 올려놓아 30분간 2차 휴지시킨다.

오븐을 200℃(th.6-7)로 예열한다.

두유와 메이플시럽을 볼에 섞는다. 노릇하게 코팅하기 위해 혼합물을 붓으로 반죽 위에 잘 바르고 참깨를 뿌린다. 노릇하게 15분간 굽는다. 식히기 전에 한번 더 코팅물을 빵 위에 바른다.

양파는 껍질을 벗기고 다진다. 버섯을 씻고 입방체 모양으로 자른다. 낮은 냄비에 기름을 달군 뒤 양파를 2분간 볶고, 버섯을 넣어 중불에 5분 정도 버섯의 수분이 나올 때까지 익힌다.

쌀과 물기를 제거한 강낭콩과 스테이크의 나머지 재료를 모두 넣어 반죽의 형태가 되도록 섞는다. 반죽을 볼에 옮겨 담아 양파와 버섯 볶음을 함께 섞어준다. 스테이크 형태를 만들 수 있도록 충분히 단단해야 한다. 혹시 너무 달라붙는 경우, 밀가루를 소량 추가한다. 반죽을 네 개로 나누어 2~3cm 두께로 모양을 잡는다. 코팅 팬에 약간의 올리브오일를 두른 뒤 중불에서 각 5분 정도 앞뒤로 굽는다.

라이스 페이퍼를 제외한 쌀 베이컨의 재료를 모두 볼에 넣어 섞는다. 미지근한 물에 라이스 페이퍼를 불린 뒤 부드러워지면 두 장씩 사이에 공기가 들어가지 않도록 겹친다. 붓으로 혼합물을 라이스 페이퍼 두장의 앞 뒷면에 잘 바른 뒤 길다란 띠 모양으로 자른다.

팬에 올리브오일 소량을 두르고 달군 뒤 베이컨 모양의 라이스 페이퍼 양면을 바삭해지도록 몇 분간 튀긴다. 키친타월에 올려 한 김 식힌다.

양파 껍질을 벗기고 얇게 통으로 자른다. 식초와 설탕, 소금, 80㎖의 물을 냄비에 넣고 끓인다. 양파를 넣고 10분간 끓인다. 피클물을 포함한 혼합물을 모두 유리병에 넣고 뚜껑을 닫아 시원한 곳에 보관한다.

캐슈너트를 뜨거운 물에 20분간 불려 부드럽게 한다. 씻어서 물기를 제거한 뒤 치즈 소스의 남은 모든 재료와 함께 갈아서 크리미한 소스를 만든다.

볼에 바비큐 소스의 모든 재료를 물 4Ts과 함께 잘 섞는다.

빵을 반으로 잘라 뜨거운 팬에 굽는다. 바비큐 소스를 빵 안쪽에 바른 다음, 상추와 스테이크, 치즈 소스, 쌀 베이컨 여러 장, 양파 피클을 올린 뒤 버거를 완성한다.

호박 크림과 헤이즐넛, 케이퍼로 속을 채운 난

Naans fourrés à la crème de courge, aux noisettes & aux câpres

프랑스에 바게트가 있다면, 동남아시아에는 난이 있다. 인도 음식으로 자주 떠올리지만, 사실 이 맛있고 납작한 빵은 아시아의 여러 지역에서 먹는다. 오늘날 모든 인도 식당의 메뉴에서 찾을 수 있기에, 난을 맛보기 위해 아주 멀리 갈 필요가 없다. 플레인, 마늘, 치즈 아니면 나아가 견과류를 채운 난까지 다양한 방식으로 먹는다. 그러니 호박 퓨레와 케이퍼, 구운 헤이즐넛을 채우지 못할 게 있을까?

속을 채운 난 3개
준비 : 30분
휴지 : 1시간
조리 : 25분

난
드라이이스트 6g
T55 밀가루 300g
사탕수수 설탕 1Ts
소금 1ts
올리브오일 1Ts
플레인 비건 요구르트 75g
마늘 1알
말린 오레가노 1ts

호박 퓌레
버터넛 호박(혹은 다른 종류) 200g
올리브오일 1ts
소금 1꼬집
비건 요구르트 20g
말린 세이지 1ts
후춧가루 ¼ts
넛맥 가루 1꼬집

곁들임
케이퍼 15개
구운 헤이즐넛 한 줌

미지근한 물 20㎖를 볼에 담고 드라이이스트를 풀어 5분간 활성화시킨 뒤 잘 섞어 녹인다.

밀가루, 설탕, 소금을 큰 샐러드 볼에 넣고 섞는다. 가운데를 우묵하게 만들어 이스트 혼합물과 올리브오일, 요구르트를 붓는다. 가볍게 주걱으로 섞는다. 70㎖의 미지근한 물을 서서히 잘 섞어주며 넣는다. 으깬 마늘과 오레가노를 더하고 다시 섞는다. 덧가루를 엷게 뿌린 작업대 위에 반죽을 놓고 반죽이 매끈하고 탄력이 생겨 작업대에 엉겨붙지 않을 때까지 최소 6분 이상 치대어 준다. 만약 만들어진 반죽이 너무 질다면, 밀가루를 조금 더한다. 반죽을 굴려서 둥글게 만들고 기름칠을 한 샐러드 볼에 넣는다. 천을 덮은 뒤 반죽의 부피가 두 배가 될 때까지 따뜻한 곳에서 한 시간가량 발효시킨다.

오븐을 200℃(th.6-7)로 예열한다.

호박 껍질을 벗기고 깍뚝썰기 한다. 유산지를 깐 오븐 팬에 올리브오일와 소금을 뿌린 뒤 호박을 놓고 잘 버무려준다. 호박이 부드러워지도록 20분 정도 오븐에 굽는다. 볼에 옮겨 담아서 포크로 익은 호박을 으깬다. 요구르트와 세이지, 후추와 넛맥 가루를 넣고 필요시 소금 간을 한다.

반죽을 6등분한다. 둥글게 빚은 뒤 밀대로 납작하게 지름 15cm 정도가 되는 원반 형태로 만든다. 반죽 3개에 호박 퓨레를 넉넉히 올리되 가장자리를 2cm정도 남기고 얇게 펼친다. 퓨레 위에 케이퍼와 부순 헤이즐넛을 골고루 올린다. 남은 반죽을 위에 올리고 밀봉하기 위해 가장자리를 가볍게 눌러준다.

코팅 팬에 올리브오일를 가볍게 두르고 달군 뒤, 센 불에서 빠르게 난 반죽을 올려 3분간 조리한다. 반죽이 부풀어오르기 시작하면 뒤집어서 다른 면을 2분 동안 색이 날 때까지 구워준다. 난 반죽도 동일하게 조리한다. 갓 만들어 뜨겁고 부드러운 난을 맛보기 전에 한 김 식힌다.

팁과 활용

- 이 속을 채운 난의 레시피는 온전히 여러분 마음대로 변형이 가능하다! 호박 퓨레 대신 아무 제철 채소 퓨레나, 아니면 후무스나 바바가누쉬(가지를 주재료로 마늘, 타히니, 레몬즙, 올리브오일, 파슬리를 첨가하여 만든 중동의 대표적인 소스), 페스토, 슈레드 비건 치즈 등으로 대체할 수 있다.
- 또한 속을 채우지 않고 플레인 난으로 커리나 달, 샥슈카 그리고 소스가 주가 되는 요리에 곁들이면 금상첨화다! 이럴 경우 그저 납작한 원반 형태의 반죽을 굽기만 하면 된다.

크리스피 반미 버거 Bánh mì burgers croustillants

이 반미 스타일의 버거는 베트남에서 가장 유명한 샌드위치와 인기 최고인 버거의 만남이다. *반미(Bánh mì)*라고 하는 이름은 바게트 모양의 빵으로, 채 썰어 재운 채소와 고수, 매운 소스를 채워 넣은 것이다. 여기에서는 바게트 대신 브리오슈 번으로 대체했다.

반미 버거 4개
준비 : 40분
휴지 : 1시간 30분
조리 : 35분
불리기 : 20분

버거 번
마가린 50g
생이스트 12g
(혹은 드라이이스트 6g)
T55 밀가루 300g
사탕수수 설탕 12g
소금 4g
아몬드유 125㎖
두유 50㎖
메이플시럽 1Ts
참깨

가지 튀김
작은 가지 1개
쌀가루 50g
옥수수 전분 20g
소금 ½ts
땅콩버터 40g
무가당 콘플레이크 200g

오이 피클
오이 ½개
화이트 식초 60㎖
굵은소금 1ts

매콤한 마요네즈
캐슈너트 100g
코코넛 우유 120g
마늘 1알
쌀 식초(라이스 식초) 2Ts
머스터드 2Ts
메이플시럽 1Ts
생강 ½ts
고춧가루 ¼ts
칼라 나마크 소금 1꼬집
후춧가루 1꼬집

곁들임
당근 2개
고수 작은 1단

이스트를 미지근한 물 30㎖에 넣고 잘게 부수어 5분간 활성화시킨 다음 잘 섞어 녹인다. 밀가루, 설탕, 소금을 믹싱볼이나 큰 샐러드 볼에 넣는다. 가운데를 우묵하게 만든 다음 미리 녹인 마가린과 아몬드유, 이스트 혼합물을 넣는다. 반죽이 붙지 않고 매끈하면서 탄력이 있도록 후크를 장착한 반죽기를 사용하여 혹은 덧가루를 뿌린 작업대에서 손으로 8~10분간 반죽한다. 공 모양으로 만들어 기름칠한 샐러드 볼에 넣는다. 천으로 덮고 따뜻한 곳에서 반죽이 부풀도록 약 1시간 정도, 혹은 반죽의 부피가 두 배가 될 때까지 발효시킨다. 반죽을 4등분하고 둥근 공 모양으로 만든 다음 길쭉한 빵 형태를 잡는다. 유산지를 깐 오븐 팬 위에 반죽을 올려놓고 한번 더 천을 올려놓아 30분간 2차 휴지시킨다.

오븐을 200℃(th.6-7)로 예열한다. 두유와 메이플시럽을 볼에 섞는다. 노릇하게 굽기 위해 혼합물을 붓으로 반죽 위에 잘 바르고 참깨를 뿌린다. 노릇해질 때까지 15분간 굽는다. 식히기 전에 한번 더 혼합물을 빵 위에 바른다.

가지를 5mm 두께로 자른다. 쌀가루와 가루 재료, 소금과 땅콩버터를 80㎖ 물과 함께 섞어 반죽을 만든다. 콘플레이크는 접시에 잘게 부순다. 가지 슬라이스를 반죽에 담근 뒤 콘플레이크를 입혀준다. 유산지를 깐 오븐 팬 위에 넣고 20분간 굽는다.

오이를 얇게 슬라이스한다. 유리병에 식초와 소금을 150㎖의 물과 혼합한다. 오이 슬라이스를 넣고 밀봉한 다음 차갑게 보관한다.

캐슈너트를 따뜻한 물에 20분간 불려 부드럽게 한다. 씻어서 물기를 제거한 뒤 매콤한 마요네즈 소스의 모든 재료를 믹서기에 갈아서 크리미한 소스를 만든다.

당근의 껍질을 벗기고 가늘게 채 썬다. 빵을 반으로 잘라 팬에 굽는다. 빵 안쪽에 마요네즈 소스를 잘 바른 다음 채 썬 당근과 가지 튀김, 오이 피클과 가늘게 썬 고수잎을 올려 완성한다.

오렌지 렌틸콩 팔라펠을 넣은 피타 샌드위치 Pitas aux falafels de lentilles corail

대중음식을 소개하는 요리책에 케밥 스타일의 피타 브레드 레시피가 빠질 수 없다! 근동 지방을 대표하는 이 요리는 오늘날 전 세계에서 만나볼 수 있다. 몽펠리에에서 학창 시절을 보낼 때부터 케밥의 수도인 이스탄불로 여행을 다녀온 최근까지지도, 케밥은 항상 내게 친숙한 음식이었다. 이 스트리트 푸드의 고전은 이제 오렌지 렌틸콩 팔라펠과 함께 전에 없던 풍미로 당신의 부엌에 찾아온다.

피타 4개
(팔라펠 20개 기준)
준비 : 30분
휴지 : 1시간 20분
조리 : 35분

피타 브레드
드라이이스트 3g
T55 밀가루 170g
T150 밀가루 40g
사탕수수 설탕 2Ts
소금 1ts
올리브오일 10g

팔라펠
오렌지 렌틸콩 200g
샬롯 1개
병아리콩 가루 160g
참깨 60g
토마토 페이스트 50g
올리브오일 4Ts
파프리카 가루 1ts
커민 가루 1ts
마늘 가루 1ts
소금 ¼ts

요구르트 소스
고수 4줄기
플레인 비건 요구르트 180g
레몬즙 3Ts
올리브오일 3Ts
소금 ¼ts

곁들임
토마토 1개
루콜라

작은 볼에 미지근한 물 20㎖를 붓는다. 표면에 드라이이스트를 뿌리고 5분간 활성화시킨 다음 녹도록 섞어준다. 큰 볼에 밀가루와 설탕, 소금을 넣어 섞는다. 가운데를 우묵하게 만든 다음 녹인 물과 이스트 혼합물, 올리브오일를 넣는다. 110㎖의 미지근한 물을 조금씩 넣어가면서 가볍게 섞어준다. 작업대에 엷게 덧가루를 뿌린 뒤 반죽을 최소 6분 이상 치대어 매끈하고 쫀득하게 되도록 한다. 공 모양으로 정리한 다음 기름칠한 샐러드 볼에 넣는다. 천으로 볼을 덮은 뒤 따뜻한 곳에 1시간 정도 놓고 반죽의 부피가 두 배 정도가 되도록 발효시킨다.

렌틸콩을 씻어서 끓는 물에 10분간 익힌 뒤 체에 걸러 물기를 제거한다. 샬롯의 껍질을 벗기고 잘게 썬다. 팔라펠의 모든 재료를 넣고 믹서기에 갈아서 동그란 공 모양을 만들 수 있게 충분히 되직한 질감의 반죽을 만든다. 반죽이 너무 질다 싶을 경우, 밀가루를 덧댄다.

오븐을 180℃(th.6)에 예열하고 오븐 팬에 유산지를 깔아준다. 렌틸콩 반죽 한 스푼을 떠서 둥글게 만든다. 오븐 팬 위에 놓고 가볍게 눌러서 납작하게 만든다. 동일한 방식으로 팔라펠 20개를 성형한다. 20분간 오븐에 구운 뒤 한 김 식힌다.

만들어 둔 피타 브레드 반죽을 4등분한다. 공처럼 굴린 뒤 밀대를 사용해 지름 15cm 정도 되는 원반 모양으로 납작하게 만든다. 유산지를 깐 오븐 팬에 놓고 천으로 덮어 20분간 휴지시킨다. 코팅 팬을 기름을 두르지 않은 채 강불에 뜨겁게 달구고 피타 브레드 반죽을 골고루 돌려주면서 찢어지지 않게 2~3분간 굽는다.

고수잎을 잘게 다지고 요구르트 소스의 재료를 모두 한데 섞는다. 피타 브레드를 반으로 갈라서 요구르트 소스를 바른 뒤 팔라펠과 토마토 슬라이스, 루콜라를 넣어 완성한다.

구운 배와 루콜라 페스토, 피클을 넣은 그릴드 치즈 샌드위치

Grilled cheese fondant à la poire rôtie, pesto de roquette & pickles

본래 그릴드 치즈 혹은 멜팅 치즈 샌드위치는 조금 더 간단한 형태의 크로크 무슈라고 불러도 무방하다. 버터를 바른 빵 두 조각 사이에 넉넉한 양의 치즈를 넣고 팬에서 몇 분간 구우면 이것이 바로 우리가 사랑하는 추억과 행복의 샌드위치인 것이다! 여기에 새콤달콤한 피클과 호두 페스토, 루콜라와 구운 배 조각으로 조금 더 독특함을 가미해보고자 한다. 진[illegible]한 별미라 할 수 있다!

샌드위치 2개
준비 : [illegible]0분
조리 : [illegible]분
휴지 : 2[illegible]시간

피클
적양파 50g
래디시 50g
사과식초 50㎖
코코넛 설탕 또는 사탕수수 설탕 20g
소금 10g
월계수잎 1장
통 흑후추 1Ts

치즈 소스
옥수수 전분 15g
코코넛 우유 180㎖
영양 효모 10g
케이퍼 절임액 1Ts
마늘 가루 ½ts
양파 분말 ½ts
소금 1꼬집

페스토
마늘 1알
호두 25g
루콜라 30g
생바질 15g
올리브오일 1Ts
레몬즙 1Ts
발사믹 식초 1ts
소금, 후추

샌드위치
[illegible]1개
빵 [illegible]조각(식빵 또는 캄파뉴)
마가린
호두 한 [illegible]

양파 껍질을 벗기고 얇게 슬라이스한다. 래디시는 씻어서 얇게 저민다. 나머지 재료를 100㎖ 물과 함께 냄비에 넣고 끓인다. 설탕이 충분히 녹을 수 있게 5분간 계속 끓인다. 양파와 래디시를 저장용 유리병에 넣은 뒤, 향신료와 함께 끓인 피클물을 부어서 상온에서 식힌다. 저장병의 마개를 닫아 24시간 동안 냉장고에 보관한 뒤 사용한다.

작은 냄비에 코코넛 우유와 가루 재료를 넣어 잘 풀어준다. 효모와 케이퍼 절임액, 마늘과 양파 분말, 소금을 넣어 섞는다. 내용물이 끓어오르면 중불에서 2분간 부드럽고 색이 날때까지 휘퍼로 저어준다. 소스가 되직해지면 불에서 내려 미지근하게 식힌다.

배를 슬라이스한다. 팬에 약간의 올리브오일를 둘러 달군 뒤 배의 각 면을 2분간 부드럽고 연한 갈색이 날때까지 지진다.

마늘의 껍질을 벗기고 다진 뒤 모든 페스토 재료를 믹서에 넣어 너무 묽어지지 않게 중간중간 끊어가며 균일하지만 알갱이가 느껴질 정도로 갈아준다.

빵의 바깥면에 마가린을 바르고 접시 바닥에 놓는다. 페스토, 구운 배, 치즈 소스, 피클과 [illegible] 호두를 올린다. 남은 빵 두 조각도 역시 바깥쪽에 마가린을 발라 닫아준다.

큰 코팅 [illegible] 중불로 달구어 샌드위치 각 면을 2~3분간 노릇하게 굽는다.

팁과 활용
이 치즈 소스는 버거에 넣거나, 나초, 파스타, 피자 또는 캐나다식 감자튀김인 푸틴과 같은 음식들에 뿌려 먹기에 좋다.

퀴노아와 호박 크림 부리토
Burrito à la crème de courge & au quinoa d'ici

부리토에 대해서 오래전부터 알고 있었다고 생각했던 나는, 멕시코 여행 중 부리토를 재발견했다. 특히 강낭콩과 아보카도, *노팔(nopal)*이라는 멕시코의 선인장을 채운 부리토가 기억난다. 즉, 멕시코를 상징하고 현지에서 키운 로컬 재료들만으로 만든 부리토였다. 거기서 영감을 받아 프랑스에서 자란 재료인 호박과 퀴노아를 넣은 부리토를 만들어 보았다.

글루텐 프리

큰 부리토 2개
준비 : 20분
조리 : 30분

호박 크림
호박(원하는 종류로) 100g
올리브오일 1Ts
소금 1꼬집
마늘 ½알
두유 요구르트 40g
참깨 퓨레(타히니) 20g
레몬주스 1Ts
간장 1Ts
메이플시럽 1ts
파프리카 ½ts
소금 ¼ts

퀴노아
퀴노아120g
큰 블랙올리브 8개
참기름 1Ts
레몬즙 1Ts
간장 1Ts
커민 가루 ½ts
호박씨 15g
참깨 10g
레몬 제스트 ½개 분량
소금, 후추

부리토
밀 또는 옥수수 토르티야 큰 것 2개
시금치 2줌
고수잎 한 다발

오븐을 200℃(th.6-7)로 예열한 뒤, 오븐 팬에 유산지를 깐다. 호박은 껍질을 벗겨 입방체로 자른다. 오븐 팬에 호박을 놓고 올리브오일와 소금 한 꼬집을 뿌린 뒤 잘 섞어 양념을 고루 묻힌다. 호박이 부드러워질 때까지 20분간 굽는다. 이때 칼끝으로 익힘 상태를 확인한다.

마늘은 껍질을 까고 가늘게 편으로 썬다. 호박과 마늘, 나머지 호박 크림 재료들을 모두 믹서에 넣어 매끈하고 부드러운 퓨레가 되도록 갈아준다. 맛을 본 뒤 간을 맞춘다.

퀴노아는 조리 전 고운 체로 한 번 씻어 냄비에 분량의 두 배 물을 넣어 조리한다. 냄비의 물이 끓어오르면 불을 줄이고, 뚜껑을 덮어 퀴노아가 부드러워질 때까지 10~12분간 익힌다.

올리브는 씨를 제거하고 다진다. 조리된 퀴노아를 샐러드 볼에 넣고 올리브와 나머지 재료를 넣어 간을 한 뒤 잘 섞는다.

토르티야는 부드러워지도록 전자레인지에 몇 분간 데운다. 토르티야를 작업대 위 접시에 놓는다. 호박 퓨레를 그 위에 올리고, 퀴노아와 시금치, 잘게 썬 고수잎을 올린다. 토르티야의 양쪽 끝과 밑 부분이 속재료 위로 오도록 접어서 손으로 감싸 접는다. 부리토는 차갑게, 혹은 코팅 팬이나 오븐으로 몇 분간 데운 뒤 먹어도 좋다.

팁과 활용
이 요리를 퀴노아, 호박 퓨레나 다른 익힌 채소, 생채소(토마토, 적양배추, 브로콜리, 아보카도), 구운 병아리콩, 홈메이트 토르티야 칩 등을 곁들여 부리토 볼로 변형할 수 있다.

가지 베이컨, 상추, 토마토를 넣은 클래식 BLT 샌드위치

BLT : le fameux sandwich au bacon d'aubergine, laitue & tomate

이 짧지만 매우 흥미로운 이름 뒤에는, 지극히 단순하지만 풍미로 가득 찬 미국에서 아주 유명한 샌드위치가 숨어 있다. 베이컨(B), 레터스 상추(L), 토마토 슬라이스(T), 이 세 가지 재료의 이니셜들을 따서 이름 붙인 것이다. 미국 사람들에게 있어 BLT는 프랑스 사람들의 장봉뵈르와 같다고 할 수 있다. 가지 베이컨과 흰 강낭콩으로 만든 후무스를 채운 이 식물성 BLT로 전통 샌드위치에 약간의 반전을 줘보자.

샌드위치 2개
준비 : 20분
조리 : 30분

가지 베이컨
가지 ½개
올리브오일 2Ts
간장 1Ts
메이플시럽 1Ts
훈제 파프리카 가루 ½ts
소금 1꼬집

콩 후무스
잣 15g
흰강낭콩 통(병)조림 150g
양파 ½개
마늘 ½알
참깨 퓨레(타히니) 30g
올리브오일 2Ts
레몬즙 2Ts
소금, 후추

샌드위치
큰 토마토 1개
코르니숑(작은 오이 피클) 4개
상추 4장
빵 4조각(식빵 또는 캄파뉴)

오븐을 180℃(th.6)로 예열한 뒤 오븐 팬에 유산지를 깐다. 가지를 씻은 뒤 물기를 제거하여 세로로 길고 얇게 자른다. 가지 베이컨의 나머지 재료들을 모두 볼에 섞어서 재움 양념을 만들고, 오븐 팬에 올리기 전에 붓을 사용해 재움액을 가지에 잘 바른다. 10분간 구운 뒤 한 번 더 양념을 발라 가지가 잘 구워지도록 5~7분간 추가로 조리한다. 식힌다.

잣을 170℃(th.5-6) 오븐에 10~12분간 노릇해지도록 굽는다. 조리 중 타지 않도록 잘 확인한 뒤 식힌다.

흰 강낭콩을 씻어서 체에 걸러 물기를 뺀다. 양파와 마늘은 껍질을 벗겨 얇게 채 썬다. 후무스에 필요한 모든 재료를 믹서기에 넣어 매끈하고 부드러운 크림이 되도록 간다. 맛을 보고 간을 한다.

토마토와 코르니숑은 슬라이스한다. 샐러드를 씻는다. 빵 한 면에 후무스를 넉넉히 바른 뒤 상추와 토마토, 코르니숑과 가지 베이컨을 올린다. 만든 즉시 먹는다. 혹시 나중에 먹으려면 랩으로 잘 포장해둔다.

팁과 활용
- 흰 강낭콩 후무스는 병아리콩 후무스나 타프나드(p.135), 토마토 캐비아(p.135)나 브로콜리 과콰몰리(p.141)로 대체할 수 있다.
- 망설이지 말고 여러분이 좋아하는 채소를 추가해 보자. 길게 저민 당근, 오이 슬라이스, 아보카도, 래디시, 비트, 아니면 절인 두부도 좋다(p.68).

메인 요리

PLATS

참깨 레몬 크림과 산뜻한 허브 잠두콩 샐러드를 얹은 소카

Soccas, salade de fèves aux herbes fraîches & crème citronnée au tahin

내가 진정 사랑하는 니스의 대표 음식인 소카를 소개한다! 소카는 병아리콩 가루로 만든 두꺼운 전병으로, 커다란 구리 팬에서 구워내는 전통이 있다. 오늘날에도 니스의 로컬 시장이나 노점에서는 여전히 이 방식으로 소카를 만드는데, 갓 조리된 것을 조각으로 잘라 뜨거운 상태로 바로 접시에 담아준다! 소카는 간단한 식사로, 아페리티프로, 길거리를 산책하며 혹은 벤치에 앉아서 가볍게 먹을 수 있는 별미 요리다. 나의 경우, 집에서는 소카를 큰 팬케이크처럼 만들어 그 위에 타히니 크림과 허브를 넣은 신선한 샐러드를 올려 먹는 것을 좋아한다.

글루텐 프리

2인분
준비 : 30분
조리 : 10분
마리네이드 : 20분
휴지 : 15분

잠두콩과 주키니호박 샐러드
잠두콩(생잠두콩 또는 냉동) 120g
작은 주키니호박 1개
마늘 1알
씨를 제거한 그린 올리브 30g
민트잎 6장
바질잎 6장
올리브오일 2Ts
레몬주스 2Ts
레몬 제스트 2ts
잣 20g
소금, 후추

요구르트 크림
비건 요구르트(그릭 요구르트 타입) 120g
참깨 퓨레 40g
마늘 1알
올리브오일 1Ts
레몬즙 1Ts
메이플시럽 1ts
소금 1꼬집

소카
병아리콩 가루 200g
커민 가루 ½ts
강황 가루 ¼ts
소금 ¼ts
올리브오일 2Ts

곁들임
어린잎 샐러드 적당량

잠두콩을 끓는 물에 10분간 데치거나 소량의 물과 함께 전자레인지에서 5분간 돌린다. 잠두콩은 아직 좀 아삭한 상태여야 한다. 조리된 잠두콩을 잠시 식도록 놓아둔 뒤 껍질을 벗긴다.

주키니호박은 필러를 사용해 얇고 길게 저민다. 마늘은 껍질을 벗기고 곱게 다진다. 그린 올리브는 조각낸다. 민트와 바질잎은 잘게 다진다.

마늘과 허브, 올리브오일, 레몬즙과 제스트, 소금과 후추를 샐러드 볼에 함께 넣고 섞어 드레싱을 만든다. 드레싱에 잠두콩과 저민 주키니호박, 잣, 올리브를 넣은 뒤 재료들이 부서지지 않게 골고루 잘 섞어준다. 20분간 서늘한 곳에 놓고 재운다.

볼에 요구르트 크림의 재료들을 한데 섞어 크리미한 질감의 소스를 만든다. 소금 간을 한 후 서늘한 곳에 보관한다.

병아리콩 가루와 커민, 강황과 소금을 볼에 넣고 섞는다. 이어 물 150㎖ 와 올리브오일를 넣어 휘퍼로 잘 섞어서 가루가 뭉치지 않게 액체 상태로 만들어 준다. 15분간 상온에서 휴지시킨다.

기름칠한 커다란 코팅 팬을 달군다. 반죽의 절반을 부어서 둥근 전병 모양을 잡도록 한다. 반죽에서 작은 공기 방울들이 올라오고, 팬에서 잘 떨어질 때까지 2~3분간 익힌다. 소카가 찢어지지 않게 조심스레 뒤집어서 반대쪽 면도 똑같이 익혀준다. 나머지 반죽도 동일하게 기름칠한 팬에 조리한다.

소카가 한 김 식도록 몇 분간 놓아둔 뒤, 준비한 요구르트 크림을 넉넉히 올리고 마리네이드한 잠두콩 샐러드를 올린다. 어린잎 샐러드를 한 줌 올려 마무리한다.

샤슈카 스타일의 퀴노아 라타투이

Ratatouille façon chakchouka au quinoa

최근에 재조명을 받고 있는 또 하나의 대중음식이 있다! 샤슈카는 북아프리카의 마그레브 지역에서 널리 먹는 대표 음식으로, 파프리카, 토마토, 양파, 고추를 무쇠팬에 볶아서 마지막에 달걀을 넣는다. 따스하고 햇살 가득 머금은 이 전통 요리는 우리에게 친숙한 프로방스 지방의 라타투이를 떠올리게 한다. 이 두 요리가 잘 섞인 샤슈카 스타일의 퀴노아 라타투이를 만나보자.

글루텐 프리

4인분
준비 : 10분
조리 : 20분

큰 토마토 2개
빨간 파프리카 1개
주키니호박 150g
가지 150g
양파 ¼개
마늘 1알
올리브오일 1Ts
타임 5줄기
퀴노아 120g
말린 오레가노 1ts
파프리카 가루 1ts
에스플레트 고춧가루 1꼬집
토마토 페이스트 50g
익힌 병아리콩 150g
소금, 후추

곁들임
식물성 리코타 치즈
잘게 자른 생 파슬리
구운 빵 조각 또는 홈메이드 소카 (p.90)

토마토를 깍둑썬다. 파프리카는 씨를 제거하고 길게 채 썬다. 주키니호박과 가지도 깍둑썬다. 양파와 마늘은 껍질을 벗기고 다진다.

중불로 달구어진 팬에 기름을 두르고 양파와 마늘을 2분간 잘 섞으며 볶아준다. 토마토와 파프리카, 주키니호박, 가지 그리고 타임을 넣고 3분간 더 볶아준다.

퀴노아를 씻어 물기를 빼고, 오레가노, 파프리카, 에스플레트 고춧가루, 토마토 페이스트, 250㎖의 물과 함께 팬에 넣는다. 잘 섞은 뒤 뚜껑을 닫고 퀴노아가 부드러워지도록 10분간 익힌다. 필요시, 조리 중 라타투이의 수분이 충분하도록 물을 조금 보충할 수 있다. 물기 뺀 병아리콩을 넣고 3분 더 익힌다. 간을 한다.

차갑게 혹은 따뜻하게 준비된 라타투이에 잘게 으깬 리코타 치즈와 파슬리, 구운 빵을 곁들여 낸다.

팁과 활용
- 라타투이의 장점은 미리 조리하여 며칠간 보관할 수 있다는 것이다. 주중에 다른 음식에 곁들일 수 있게 넉넉한 양을 준비하자.
- 라타투이는 따뜻하게뿐 아니라 차갑게도 먹을 수 있다. 타르틴 위에 올리거나, 쌀로 만든 라이스 샐러드에 곁들여 먹기도 좋다. 그리고 남은 라타투이는 타르트의 충전물이나 크럼블 요리의 재료로도 사용할 수 있다.

아몬드 생치즈를 올린 토마토와 복숭아 가든 샐러드

Salade de tomates & pêches du jardin, fromage frais aux amandes

이 샐러드는 지난해 여름 몽펠리에에서, 아버지가 텃밭을 가꾼 뒤 처음으로 수확한, 즙이 가득하고 달콤하며 햇살을 듬뿍 머금은 토착 품종 토마토로 만들기 시작했다. 시장에서 가져온 복숭아 몇 개만 있으면, 약간의 식초 소스와 구운 씨앗류 그리고 잘게 부순 비건 치즈를 조금 곁들여 먹음직스럽고 청량감 있는 샐러드를 뚝딱 만들 수 있다.

글루텐 프리

4인분
준비 : 20분
조리 : 5분
불리기 : 8시간
휴지 : 하룻밤

아몬드 치즈
껍질 붙은 혹은 껍질 벗긴 아몬드 140g
식이 효모 20g
레몬주스 2Ts
마늘 분말 1ts
소금 ½ts

바삭 재료
피스타치오 20g
겨자씨 1Ts

식초 소스
라즈베리 50g
올리브오일 6Ts
발사믹 식초 3Ts
소금
후추

샐러드
큰 토마토 4개
복숭아 6개
올리브오일
소금, 후추

아몬드의 껍질이 제거되지 않은 상태라면 끓는 물에 5분간 데친다. 체에 거른 아몬드를 상온에서 물에 8시간 불린다. 물기를 빼고 껍질을 벗긴다.

속살의 아몬드를 효모와 레몬주스, 마늘 분말, 소금, 2~3큰술의 물과 함께 걸쭉하면서도 약간의 질감이 남아 있도록 갈아준다. 이때 적절한 농도를 위해서 물은 서서히 부어준다. 아몬드 치즈를 밀폐용기에 넣고 시원하게 보관한다. 만든 직후 먹어도 되지만, 하룻밤 정도 놔둔 뒤에 먹는 것이 더 맛있다.

피스타치오를 굵게 다진다. 뜨겁게 달구어진 팬에 피스타치오와 겨자씨를 잘 섞으면서 몇 분간 굽는다. 식힌다.

걸쭉한 소스가 되도록 식초 소스의 모든 재료를 믹서기로 간다. 간을 한다.

잘 씻은 토마토를 반달 모양이나 슬라이스 형태로 썬다. 복숭아는 씨를 제거한 후 반달 모양으로 썬다.

커다란 접시에 토마토와 복숭아를 깔아 놓는다. 식초 소스를 한 바퀴 뿌린 뒤, 구운 피스타치오와 겨자씨를 흩뿌린다. 소금과 후추로 간을 한 뒤 샐러드 위에 아몬드 치즈를 잘게 부수어 올린다.

팁과 활용
이 아몬드 생치즈는 녹진한 식감과 가벼운 맛으로 여러 요리에 놀랍도록 잘 어울린다. 샐러드나 구운 채소, 파스타나 뭉근히 끓인 스튜 요리에 잘게 찢어 넣어보자. 구운 빵 타르틴 위에 올리거나 수프 또는 샐러드와 함께 곁들여도 맛있다.

오븐에 구운 가지 퐁당, 요구르트 소스와 두카

Aubergine fondante au four, sauce au yaourt & dukkah

어떤 요리들은 잊히지 않는 추억을 남기기도 한다. 오랫동안 충분히 숯에 구워 껍질이 바스라지고, 부드러운 속살에 옅은 연기 향기가 밴 구운 가지처럼 말이다. 그 풍미가 너무나도 강렬해서 약간의 요구르트와 두카 한 스푼이면 맛의 조화를 이루기에 충분하다. 바비큐 도구가 없다면, 이 오븐에서 구운 가지 또한 적절한 방법이다.

글루텐 프리

2인분
준비 : 20분
조리 : 30분

구운 가지
가지 1개*
올리브오일1Ts
소금 1꼬집

피스타치오 두카
피스타치오 20g
참깨 10g
코리앤더 씨 1Ts
커민 씨 1Ts
플뢰르 드 셀 ½ Ts
통 흑후추 ¼ ts

요구르트 참깨 소스
되직한 비건 요구르트 150g
(그릭 요구르트 타입)
참깨 퓨레(타히니) 20g
레몬주스 1Ts
메이플시럽 1ts
커민가루 ¼ ts
카다멈 가루 ¼ ts
소금
후추

곁들임
생 파슬리
석류알
레몬 제스트
그린 올리브

오븐을 200℃(th.6-7)로 예열하고 오븐 팬에 유산지를 깐다.

가지는 껍질을 벗기지 않은 상태에서 세로로 이등분한다. 칼끝으로 껍질을 통과하지 않도록 조심스럽게 4mm 정도의 깊이로 그릴 자국을 낸다. 이등분한 가지의 껍질이 바닥에 오도록 놓은 뒤 올리브오일를 한 번 두르고 소금을 뿌린다. 과육이 부드럽게 익을 때까지 30분간 오븐에서 굽는다. 칼끝으로 조리 상태를 확인한다. 가지의 크기에 따라서 조리 시간을 조절한다.

강불에 팬을 달궈서 피스타치오를 2~3분간 잘 섞으며 굽는다. 팬에서 피스타치오를 꺼낸 뒤 참깨도 같은 과정을 반복하되 타지 않도록 1분간 잘 섞으며 굽는다. 코리앤더 씨와 커민 씨도 1분간 굽는다.

피스타치오와 참깨, 코리앤더, 커민과 후추를 절구에 넣고 굵게 빻는다. 마지막에 플뢰르 드 셀을 넣는다.

요구르트 소스의 모든 재료를 볼에 넣어 섞는다. 맛을 보고 간 조절을 한다.

접시에 요구르트 소스를 넓게 뿌리고 그 위에 따뜻한 가지를 올린다. 잘게 썬 파슬리와 석류, 레몬 제스트, 그린 올리브와 함께 낸다. 두카를 흩뿌린다.

* 시중에 판매되는 과육이 단단한 팽팽이가지(유럽종)가 기존의 축양가지보다 구이용으로 더 적합하다.

팁과 활용
- 두카는 밀폐용기에 넣어 습기가 없는 상온에서 몇 달간 보관이 가능하다. 다른 요리나 샐러드, 타르틴에 뿌리거나 납작한 빵인 난 반죽 같은(p.73) 제빵 과정에 가미할 수 있도록 한 병 가득 준비해도 좋다.
- 전통적으로 두카를 만들 때 헤이즐넛을 사용한다. 피스타치오 대신 아몬드로 바꾸고, 호두나 해바라기씨, 호박씨를 더할 수 있다.

커피와 프랄린 비네그레트를 얹은 버섯과 대파 리소토

Risotto aux champignons & poireaux vinaigrette praliné-café

이탈리아 사람들은 식문화에 있어 매우 진중하고 열정적이다. 리소토가 전 세계적으로 유명하다 할지라도, 원조인 나라에서는 만드는 방법을 확실히 지키는 음식이다. 그럴 수밖에 없는 것이, 이 맛있고 푸근한 요리는 겉으로 보이는 모습은 단순하지만 실제로 만들기 위해서는 오랜 시간 이탈리아 사람들이 완성해 온 꽤 정확한 기술이 필요하다. 내가 아끼는 이 레시피는 재료에 따라 여러 방식으로 활용할 수 있고, 또 제철 재료의 맛을 온전히 느낄 수 있게 해준다.

글루텐 프리

2인분
준비 : 15분
조리 : 25분

리소토
채소 육수 1리터
양송이버섯 100g
양파 ½개
마늘 ½알
마가린 1Ts
올리브오일 2Ts
말린 타임 1ts
말린 세이지 1ts
아르보리오 쌀 200g(리소토용 쌀)
드라이 화이트 와인 40㎖
대파 1개
식물성 크림 50g
넛맥 가루 ¼ts
루콜라 두 줌
구운 헤이즐넛 한 줌
소금, 후추

비네그레트 소스
에스프레소 2Ts
헤이즐넛 퓨레 1Ts
사과식초 1Ts
메이플시럽 1Ts
머스터드 1ts
소금, 후추

큰 냄비에 채수를 넣고 끓어오르면 불을 최대한 줄여서 리소토 조리 시간 내내 뜨겁게 유지한다.

버섯을 씻어 얇게 편으로 썬다. 양파와 마늘의 껍질을 벗기고 잘게 썬다.

얕은 냄비에 마가린과 올리브오일 1큰술을 넣어 녹인다. 양파와 마늘, 타임과 세이지를 넣고 중불에 3분간 볶는다. 이때 재료의 색깔이 변하지 않도록 주의한다. 쌀을 붓고 반투명해지도록 2분간 코팅하듯 센 불에 노릇하게 볶으며 잘 섞어준다. 화이트 와인을 넣는다. 알코올이 날아가면, 뜨겁게 유지되고 있던 채수 한 국자를 냄비에 넣고 뭉근히 끓인다. 채수가 거의 흡수되면 다시 한 국자를 더하여 수분을 날리고 이 과정을 쌀이 익을 때까지 반복한다(약 25분간). 조리 시작 후 20분 정도에 채 썬 버섯을 넣어준다.

대파 껍질을 벗기고 씻는다. 흰 부분만 사용하여 끓는 물에 대파를 6분간 데친다. 물기를 빼고 팬에 올리브오일 한 스푼과 함께 골고루 돌려가면서 노릇하게 구워준다. 팬을 불에서 내려 소금 간을 한 다음, 통으로 자른다.

볼에 비네그레트 소스의 재료를 모두 넣고 잘 섞어준다. 입맛에 따라 간을 더한다.

쌀이 부드러워지면, 크림과 넛맥을 넣고 소금, 후추로 간을 한다. 넓게 깐 루콜라 위로 뜨거운 리소토를 올린다. 통으로 썬 파와 구운 헤이즐넛을 올리고, 비네그레트 소스를 뿌려준다.

팁과 활용
가을과 겨울에는 대파 대신 깍뚝 썬 호박과 오븐에 구운 파스닙, 볶은 지롤(girolle) 버섯, 밤과 호두를 곁들여도 좋다. 봄에는 그린 아스파라거스와 완두콩과 함께 곁들이면 훌륭하다. 여름엔 주키니호박과 가지, 파프리카로 만들어 맛있게 먹을 수 있다.

채소 크림이 들어간 부드럽고 진한 맥 앤 치즈
Mac & cheese onctueux à la crème de légumes

어머니가 해주셨던 오븐 파스타에 대한 특별한 추억이 있다. 바로 파스타 위에 간 치즈, 바삭한 식감의 잘게 부순 비스코트가 온통 덮여 있는 음식이었다. 어떻게 이런 간단한 음식이 그리도 맛있을 수 있었을까? 틀림없이 레시피를 성공적으로 이루는 데 필요한 모든 요소인 양질의 기본 재료와 맛있는 음식을 즐기는 마음, 그리고 크나큰 사랑이 한데 만났기 때문이리라. 내 방식대로 만든 맥 앤 치즈로 나 역시 그 추억을 이어가고자 한다.

글루텐 프리 옵션

4인분
준비 : 20분
불리기 : 20분
조리 : 35분

오븐 파스타
캐슈너트 50g
감자 250g
당근120g
파스타 300g(마카로니, 리가토니 등 원하는 것으로, 필요시 글루텐 프리)
양파 1개
마늘 1알
식이 효모 30g
머스터드 20g
무가당 아몬드유 180㎖
사과식초 2Ts
훈제 파프리카 가루 ½ts
소금, 후추

빵가루
해바라기씨 30g
아몬드 가루 50g
식이 효모 1Ts
마늘 가루 ½ts
소금 ¼ts
코코넛 오일 20g
올리브오일 1Ts

캐슈너트를 따뜻한 물에 20분간 불린다. 씻어서 체에 걸러 물기를 제거한다.

감자와 당근은 껍질을 벗겨 중간 사이즈의 입방체로 자른다. 커다란 냄비에 물을 끓여 15~20분간 채소들이 부드러워지도록 익힌다. 체에 거른 뒤 한 켠에 놓아둔다.

파스타를 포장지에 안내된 조리 방법에 따라 끓는 물에 익히되 2분 정도 시간을 줄인다. 체에 걸러 따뜻하게 보관한다.

양파와 마늘의 껍질을 벗겨 저민다. 팬에 올리브오일 한 스푼 혹은 물을 조금 부어 투명해질 때까지 2분 정도 익힌다.

오븐을 180℃(th.6)로 예열한다. 당근과 감자, 양파, 마늘, 캐슈너트, 효모, 머스터드, 아몬드유, 식초와 파프리카 가루를 블렌더에 넣고 갈아 매끄럽고 부드러운 소스 형태로 만든다. 소스가 너무 되직하면 아몬드유를 조금 더하여 적당한 농도가 될 때까지 갈아준다.

해바라기씨를 다진다. 아몬드 가루와 해바라기씨, 효모, 마늘 가루와 소금을 샐러드 볼에 섞는다. 코코넛 오일과 올리브오일을 더한 뒤 살짝 물기가 없고 잘 부서지는 반죽 형태가 되도록 만든다.

그라탕 용기에 파스타를 넣는다. 소스를 부어 파스타에 골고루 배도록 잘 섞는다. 빵가루 전량을 골고루 뿌린 다음, 살짝 색이 날 때까지 15분간 오븐에 넣어 조리한다. 따뜻한 상태로 서빙하기 전 몇 분간 한 김 식힌다.

팁과 활용
맥 앤 치즈 소스는 밀폐용기에 넣어 냉장고에서 5일까지 보관이 가능하다. 넉넉한 양을 준비하여 오븐 파스타 외에도 파스타, 멕시코 요리(타코, 부리토, 케사디야, 나초), 버거, 샌드위치, 감자튀김 등과 곁들여 보자. 아니면 단순히 식전 음식으로 옥수수 칩, 막대기 모양으로 자른 채소 바토네 등에 찍어 먹을 수도 있다.

카치오 에 페페 스파게티와 비건 파마산 치즈

Spaghettis cacio e pepe & parmesan végétal

때때로 가장 단순한 것이 가장 맛이 좋을 때가 있다. 카치오 에 페페 파스타가 그 증거이다. 문자 그대로 '치즈와 후추 파스타'를 의미하는 이 이탈리아 대표 음식은 본래 로마 지역의 양젖 치즈 중에서도 특정 종류를 사용해 만든다. 이탈리아 사람들이 기뻐하지 않을 수도 있지만, 여기 오리지널만큼 맛있고 파마산 스타일의 튀일을 곁들인 오로지 식물성 재료로 만든 카치오 에 페페를 소개한다.

글루텐 프리 옵션

2인분
준비 : 20분
조리 : 30분

비건 파마산 치즈
쌀가루(백미 또는 현미) 15g
아몬드 가루 15g
영양 효모 10g
말린 오레가노 1ts
소금 ¼ts
올리브오일 20g
마늘 1알
잣 15g

스파게티
캐슈너트 60g
스파게티 200g
(필요시 글루텐 프리)
무가당 아몬드유 60㎖
영양 효모 20g
시로 미소*15g
코르니숑 염지액
(또는 화이트 식초) 1Ts
소금 1꼬집
올리브오일 1Ts
흑후추 1ts(되도록이면 통후추를
잘게 부순 것)

오븐을 170℃(th.5-6)로 예열한다.

식물성 파마산 재료를 샐러드 볼에 모두 섞어 알갱이가 있으면서 살짝 부서지는 질감의 반죽 형태로 만든다. 만약 너무 물기가 없다면 올리브오일을 조금 더한다. 반죽을 유산지 두 장 사이에 넣고 3mm 정도의 두께로 얇고 균일하게 펼친다. 오븐 팬에 올려 10분간 굽는다. 식힘망 위에서 한 김 식힌다. 완전히 식기 전까지는 튀일을 만지지 않는다.

캐슈너트를 180℃(th.6)로 예열한 오븐에 넣어 10분간 굽는다. 이 작업은 필요 사항은 아니지만 풍미를 더욱 강하게 돋워준다.

스파게티를 끓는 물에 넣어 조리하고 조리 예상 시간보다 2분 정도 전에 불에서 내린다. 체에 거르되 면수는 소스를 만들기 위해 보관한다.

캐슈너트와 아몬드유, 효모, 미소 된장, 염지액, 소금 그리고 100㎖의 면수를 블렌더에 넣고 갈아준다. 부드럽고 매끈한 크림 형태가 되도록 간다. 적당한 농도를 위해 면수를 가감한다.

커다란 팬에 올리브오일을 달군다. 후추를 넣은 뒤 1분간 균일하게 잘 섞는다. 소스를 붓는다. 소스가 끓어오르기 시작하면 스파게티를 넣어 소스가 잘 배도록 섞는다. 2분간 조리하고 필요시 물을 더 넣는다.

만든 즉시 잘게 부순 비건 파마산 치즈를 골고루 뿌린 뒤 뜨거울 때 낸다.

팁과 활용
- 후추의 아로마와 신선함을 보존하기 위해 마지막에 절구나 페퍼밀로 갈 수 있는 통 흑후추를 사용하는 것이 좋다.
- 식물성 파마산은 파스타와 리소토, 구운 채소와 샐러드의 풍미를 끌어올리기에 이상적이다. 넉넉한 양을 준비해 습기를 차단할 수 있는 유리병에 밀봉하여 사용한다.

* 일본식 백된장.

시저 스타일의 케일 샐러드와 바삭한 병아리콩 그래놀라

Salade de chou kale & granola croustillant aux pois chiches façon César

시저 샐러드는 로마 제국의 그 유명한 시저로부터 탄생된 것이 아니라 이탈리아-미국인인 시저 카르디니(Caesar Cardini)가 자신의 멕시코 식당에서 개발한 것이다. 단시간 내 미국에서 가장 대중적인 샐러드가 되었고, 래터스 상추, 마늘 향을 입힌 크루통, 소스와 파마산 치즈, 달걀로 만들어지다가 점차 아보카도나 토마토가 추가되었다. 케일과 함께 바삭한 병아리콩 그래놀라를 곁들여 이 샐러드를 획기적으로 변화시켜 보는 건 어떨까?

글루텐 프리

4인분
준비 : 20분
조리 : 35분
마리네이드 : 20분
휴지 : 1시간

병아리콩 그래놀라
병아리콩 통(병)조림 160g
코코넛 오일 2Ts
캐슈너트 30g
호박씨 30g
호두 20g
잣 20g
타임 4줄기
간장 1Ts
메이플시럽 1Ts
레몬 제스트 ½개 분량
소금 ¼ts
아쿠아 파바* 15g

시저 소스
무가당 비건 요구르트 80g
참깨 퓨레(타히니) 80g
케이퍼 20g
마늘 1알
레몬즙 4Ts
올리브오일 4Ts
머스터드 4Ts
메이플시럽 1Ts
소금, 후추

케일 샐러드
큰 케일 잎 8장
샐러드 잎 8장
아보카도 2개

* 병아리콩, 렌틸콩 등을 삶고 나면 나오는 콩물을 뜻한다. 거품기로 5분가량 휘저으면 머랭이나 생크림처럼 크림 질감으로 변해 디저트류 반죽을 만들 때 쓰는 달걀 흰자의 역할을 대신할 수 있다.

오븐을 180℃(th.6)로 예열하고 오븐 팬에 유산지를 깐다. 병아리콩은 씻어서 체에 거르되 통조림액(아쿠아 파바)은 레시피의 나중 과정을 위해 소량 남겨둔다. 키친타월로 병아리콩의 물기를 제거하고 껍질을 벗긴다. 병아리콩을 오븐 팬에 올린 뒤 녹인 코코넛 오일을 뿌린다. 전체적으로 코팅이 되도록 섞는다. 노랗게 색이 돌고 바삭해지도록 20분간 오븐에 굽는다. 몇 분간 식힌다.

오븐의 온도를 160℃(th.5~6)로 낮춘다.

샐러드 볼에 구운 병아리콩, 캐슈너트와 호박씨, 호두, 잣 그리고 잘게 썬 타임을 넣는다. 간장과 메이플시럽, 레몬 제스트, 소금을 넣어 섞는다. 다른 샐러드 볼에 아쿠아 파바 15g을 넣어서 손으로 젓거나 휘핑기를 사용해 무스 거품을 만든다. 이 아쿠아 파바 거품을 그래놀라 재료 혼합물에 넣어 코팅을 씌우듯 섞는다. 오븐 팬에 너무 두껍지 않게 균일해지도록 올린다. 그래놀라가 노릇해지도록 15분간 익힌다. 최소 1시간 이상 식힌다.

물 3~4큰술과 함께 시저 소스에 들어가는 모든 재료를 믹서기에 넣고 갈아준다. 적절한 농도가 될 때까지 물을 조금씩 넣는다. 맛을 보고 간을 한다.

케일과 샐러드를 씻고 큼지막하게 썬다. 샐러드 볼에 케일과 샐러드를 넣어 준비한 소스 양의 절반을 뿌려 잘 섞는다.

아보카도는 과육을 발라내 입방체로 자른다. 샐러드에 시저 소스와 아보카도 조각, 그래놀라를 흩뿌려 낸다.

팁과 활용
- 시저 샐러드에 방울토마토, 래디시, 길게 저민 당근, 오이 등 다른 채소를 추가할 수 있다.
- 훨씬 더 본래의 느낌을 원한다면, 잘게 부순 비건 파마산을 뿌려보자 (p.102, 카치오 에 페페 스파게티 참조)

비건 피시 앤 칩스: 튀김 옷을 입힌 콜리플라워, 폴렌타 튀김과 완두콩 마요네즈

Chou-fleur pané, frites de polenta & mayonnaise de petits pois : ma version du fish and chips

미국인들에게 버거가 있다면, 영국인들에겐 피시 앤 칩스가 있다. 맥주가 들어간 반죽을 묻혀 튀긴 생선, 바삭한 감자튀김, 소금 한 꼬집과 몰트 식초*. 영국 패스트푸드의 상징인 간단하면서도 푸짐한 이 음식에는 이것들만 있으면 충분하다. 오늘날에도 여전히 이 음식은 영국에서 매우 대중적이다. 스코틀랜드에서는 작은 항구나 도심을 막론하고 점심시간이 되면 사람들이 피시 앤 칩스를 포장해 가려고 가게 앞에 줄을 선다. 나의 비건 레시피에는 생선은 물론 감자도 없지만, 대신 튀김 옷을 입힌 콜리플라워 스테이크와 바삭한 폴렌타 튀김을 만나보자!

글루텐 프리 옵션

2인분
준비 : 40분
조리 : 1시간 20분
휴지 : 30분

콜리플라워 튀김
콜리플라워 봉오리 작은 것 1개
무가당 두유 요구르트 60g
아몬드유 20㎖
병아리콩 가루 50g
영양 효모 2Ts
레몬즙 1Ts
메이플시럽 1ts
칼라 나마크(kala namak) 소금 ¼ts
후춧가루 ¼ts
김 ½장
무첨가 빵가루 30g
시판용 빵가루** 20g
올리브오일

폴렌타 튀김
병아리콩 가루 50g
폴렌타 50g
올리브오일 1Ts
강황 가루 ½ts
소금 ¼ts

케일 칩
케일 잎 큰 것 2장
올리브오일 1Ts
영양 효모 1Ts
마늘 가루 ½ts
소금 1꼬집

완두콩 마요네즈
익힌 완두콩 100g
두유 요구르트 40g
마늘 1알
올리브오일 2Ts
레몬즙 2Ts
메이플시럽 1Ts
와사비 1ts
(또는 스트롱 머스터드)
소금, 후추

* 맥아로 만든 식초.
** 팡코 panko라고 불리는, 미리 한 번 튀겨낸 시판용 빵가루를 사용하였다.

오븐을 200℃(th.6-7)도로 예열하고 오븐 팬에 유산지를 깐다.

콜리플라워의 중심부에서 약 2cm 두께로 두 조각을 자른다. 자른 콜리플라워를 찌거나 물과 함께 팬에서 5분 정도 끓여 부드럽게 한다.

요구르트, 아몬드유, 병아리콩 가루, 레몬즙, 메이플시럽, 소금, 후추, 잘게 찢은 김을 믹서기에 갈아 반죽을 만든다. 그릇에 준비된 반죽을 옮겨 담는다. 무첨가 빵가루와 시판용 빵가루를 다른 접시 위에서 섞는다.

콜리플라워 한 조각을 반죽 위에 올려 양면에 고루 반죽이 묻도록 한 뒤 빵가루를 입힌다. 이때 콜리플라워가 부서질 수 있으니 주의한다. 그다음, 콜리플라워를 오븐 팬 위에 놓고 올리브오일을 한 바퀴 두른다. 노릇해질 때까지 15분간 구운 뒤 뒤집어 반대쪽을 다시 10~15분간 굽는다. 따뜻하게 보관한다.

병아리콩 가루와 폴렌타를 샐러드 볼에 넣어 섞는다. 냄비에 올리브오일과 350㎖의 물, 강황, 소금을 함께 가열한다. 끓기 시작하면 병아리콩 가루와 폴렌타를 넣고 휘퍼로 젓는다. 불을 낮추어서 2~3분간 쉬지 않고 저으며 되직해질 때까지 계속 조리한다. 유산지를 깐 오븐 팬에 혼합물을 고르게 펼치고 30분간 식힌다. 굳어진 폴렌타를 조심스럽게 떼어내고 막대기 모양으로 자른다. 감자튀김이 될 막대 모양의 폴렌타를 유산지를 깐 오븐 팬에 놓고 올리브오일을 바른 후 소금 1꼬집을 뿌린다. 25분간 조리하되 중간 정도에 뒤집어 모든 면이 노릇하게 익도록 한다.

오븐의 온도를 160℃(th.5-6)로 낮춘다.

케일 잎을 씻어 물기를 제거한 뒤 조각낸다. 샐러드 볼에 케일 조각을 넣고 올리브오일과 효모, 마늘과 소금을 더하여 한데 섞는다. 유산지를 덮은 오븐 팬에서 20~25분간 구워 바삭한 케일 칩을 만든다. 잎이 타지 않도록 조심한다.

마늘의 껍질을 벗기고 다진 뒤 마요네즈의 모든 재료를 믹서기에 갈아서 매끈하고 부드러운 소스를 만든다. 너무 되직하다면 물을 조금 추가한다.

튀김옷을 입힌 콜리플라워를 폴렌타 튀김, 케일 칩, 완두콩 마요네즈와 곁들여 낸다.

팁과 활용
레시피의 빵가루를 글루텐이 없는 것으로 대체하여 글루텐 프리 형태로도 만들 수 있다.

필로 페이스트리 반죽의 크리미 & 크리스피 키슈 로렌
Quiche lorraine crémeuse & croustillante à la pâte filo

프랑스에서 가장 상징적인 레시피 중 하나를 언급하지 않고서는 대중요리를 논할 수 없을 것이다. 나는 그것을 키슈 로렌이라고 생각했다. 그러던 중 이스탄불의 여행에서 필로 페이스트리의 무한한 가능성을 발견했다. 예를 들면 필로 페이스트리는 유명한 바클라바가 될 수도 있고, 다른 디저트나 제과 혹은 타르트에도 사용할 수 있다. 여기서 영감을 받아 만든 부드러운 크림과 필로 페이스트리의 식감이 대비되는 훈제 두부가 들어간 키슈 로렌을 소개한다.

6인분
준비 : 30분
조리 : 40분
휴지 : 1시간

토핑
훈제 두부(혹은 일반 모두부) 125g
간장 2Ts
메이플시럽 1Ts
토마토 페이스트 1Ts
올리브오일 1Ts
훈제 파프리카 가루 ½ts
양파 ½개
올리브오일 1Ts
소금, 후추

키슈 충전물
연두부 300g
두유 크림 150g
병아리콩 가루 20g
머스터드 1Ts
식이 효모 3Ts
마늘 분말 1ts
양파 분말 1ts
넛맥 가루 1꼬집
후추 ¼ts
검은 소금 ¼ts

바삭한 반죽
필로 페이스트리 5장
올리브오일

오븐을 180℃(th.6)로 예열한다. 가장자리가 높은 지름 24cm 정도 되는 타르트 틀에 기름칠을 한다.

훈제 두부를 성냥 모양으로 얇고 길게 자른다. 볼에 간장, 메이플시럽, 토마토 페이스트, 올리브오일, 훈제 파프리카 가루를 넣고 섞어 양념을 만든다. 훈제 두부를 넣고 섞는다. 양념된 두부를 팬에서 균일하게 뒤섞어가며 가볍게 캐러멜화될 때까지 5분간 볶는다. 간을 한다.

양파를 채 썬다. 팬에 기름을 둘러 달군 뒤 양파를 3분간 살짝 색이 나도록 볶는다.

키슈 충전물의 모든 재료를 블렌더에 넣어서 균일한 질감의 액체 혼합물을 만든다. 미리 볶아둔 양파와 두부를 더한다.

붓을 이용해 필로 페이스트리 한 장에 올리브오일을 넉넉히 바른 다음 기름칠한 타르트 틀에 놓는다. 다음 시트도 동일하게 작업한 뒤, 처음 시트 위에 모서리 간격을 띄워서 올린다. 나머지 시트도 반복 작업하여 타르트 형태로 만든다. 틀의 높이를 넘는 반죽은 자르고, 시트의 가장자리를 가볍게 구겨준다.

키슈 충전물을 타르트 바닥에 부은 다음, 토핑 재료를 골고루 뿌린다. 키슈의 중심이 충분히 굳어지고 반죽의 가장자리가 바삭하고 노릇하게 될 때까지 30분간 오븐에 넣어 굽는다.

완성된 키슈는 조각으로 자르기 전 단단한 상태가 되도록 상온에 1시간 동안 식힌다.

팁과 활용
- 필로 페이스트리는 키슈의 크리미함과 완벽하게 조화를 이룬다. 동양 식료품점이나 대형 슈퍼마켓에서 큰 사이즈를 구할 수 있다. 또한 이 레시피를 재현할 때는 퍼유테 반죽이나 파트 브리제 반죽을 사용해도 된다.
- 필로 페이스트리 시트는 공기와 접촉하면 빨리 마른다. 조리 마지막 순간까지 포장을 열지 말고, 겹겹이 타르트지를 만드는 동안 살짝 젖은 가벼운 면포를 그 위에 올려놓는다.

시금치와 병아리콩으로 만든 크리미 커리, 팔락 파니르

Palak paneer : curry crémeux aux épinards & aux pois chiches

학생 식당에서 볼 수 있던 크림을 곁들인 시금치와는 퍽 다른, *팔락 파니르(palak paneer)*는 크리미하고 항신료 향이 강한 인도 요리의 상징적인 커리다. 조리하여 믹서기에 간 시금치와 인도식 생치즈인 파니르로 만든다. 여기서는 치즈 대신 병아리콩으로 대체했지만, 맛은 그에 못지않게 풍부하다.

글루텐 프리

**주요리로 했을 때 2인분,
곁들임으로 했을 때 4인분
준비 : 10분
조리 : 15분**

양파 1개
마늘 2알
생강 1cm
레몬그라스 1cm
토마토 2개
코코넛 오일 1Ts
가람 마살라 1ts
호로파(페뉴그릭)* 1ts(선택사항)
시금치 300g
코코넛 우유 100㎖
고수 5줄기
익힌 병아리콩 100g
무가당 코코넛 요구르트 1개
소금, 후추

양파와 마늘의 껍질을 벗기고 잘게 썬다. 생강과 레몬그라스는 곱게 다진다. 토마토는 깍둑썬다.

코코넛 오일을 커다란 팬에 데운다. 양파와 마늘, 생강, 레몬그라스를 2분간 색이 나지 않게 가볍게 볶는다. 가람 마살라, 호로파를 넣고 간을 한 다음 1분간 더 볶는다. 토마토를 조금의 물과 함께 넣어서 혼합물이 부드러워지고 졸여질 때까지 6분간 천천히 끓인다. 마지막으로 시금치와 코코넛 우유를 넣고 2분간 끓여 시금치의 숨이 죽도록 한다.

블렌더에 만든 시금치 혼합물을 붓고 고수를 넣은 다음 잘 갈아서 매끈하고 부드러운 크림 형태로 만든다. 그 음식을 팬에 붓고, 씻어서 물기를 제거한 병아리콩을 넣어 약불에 2분간 더 익힌다.

뜨거운 혹은 미지근한 팔락 파니르에 코코넛 요구르트 한 스푼과 다진 고수, 잘게 부순 후추 한 꼬집을 넣은 후 인도식 빵인 난(p.73)을 함께 낸다.

팁과 활용

- 팔락 파니르는 바스마티 쌀이나 오렌지 렌틸콩으로 만든 달(p.116)과 함께 메인 음식으로 먹거나, 깍둑썰어 구운 템페와 곁들일 수도 있고, 아니면 전식 또는 아페리티프로 홈메이드 난(p.73)과 함께 곁들일 수 있다.
- 조리한 시금치 혼합물을 믹서에 갈아줌으로써 부드럽고 녹진한 질감을 얻을 수 있고, 식전 음식으로 크래커나 피타 브레드에 찍어 먹기 이상적이다. 하지만 갈지 않고 시금치 그대로 형태를 유지하여 쌀과 함께 메인 요리로 낼 수도 있다.
- 가람 마살라는 인도에서 시작된 향신료 믹스로 인도 요리는 물론 레위니옹 요리에서도 많이 사용한다. 그중에서도 특히 칼루필레(kaloupilé) 잎, 고수, 커민, 넛맥, 시나몬, 카다멈, 후추, 정향이 들어간다. 하지만 나라에 따라 구성이 조금씩 다르다. 식료품점에서 쉽게 찾을 수 있지만, 커민 2Ts, 고수씨 3Ts, 카다멈 1Ts, 흑후추 1ts, 정향 1ts, 넛맥 ½ts, 시나몬 스틱 1개(혹은 시나몬 가루 1ts)을 로스팅하여 절구에 빻으면 여러분만의 가람 마살라를 직접 만들 수도 있다.

* 미목 콩과의 한해살이풀로 씨와 잎 등은 독특한 향과 맛을 내서 향미료로 이용되고 잎은 익혀서 요리해 먹기도 하며 샐러드나 커리 요리에 넣어 먹는다.

향신료와 건과일을 넣은 필라프

Riz pilaf aux épices & fruits secs

대중음식을 상징할 수 있는 재료가 하나 있다면, 그것은 바로 쌀이다. 이유인즉, 쌀은 전 세계인의 첫 번째 주식이고 수많은 전통 레시피에서 빠지지 않기 때문이다. 그중에서 필라프는 단연코 내가 제일 좋아하는 것이다! '*필라프(pilaf)*' 라는 것은 조리 방식의 하나로, 완전히 익히기 전 쌀을 먼저 기름에 볶은 것이다. 그러면 쌀이 말랑하고, 부드럽고, 맛있고 매우 풍미가 좋다. 여기에서는 빠르고 쉽게 준비할 수 있는 향신료와 말린 과일을 사용한 레시피를 소개한다.

글루텐 프리

4인분
준비 : 10분
조리 : 20분

바스마티 쌀 200g
양파 1개
마늘 1알
건살구 3개
코코넛 오일 2Ts
시나몬 스틱 1개
팔각(스타아니스) 2개
카다멈 2 개
월계수 잎 2장
아몬드 15g
피스타치오 15g
소금 ¼ts
후추 ¼ts
건포도 20g
생파슬리 한 다발

찬물에 쌀을 여러 번 씻은 다음 체에 내려 물기를 제거한다. 양파와 마늘은 작은 입방체로 썬다. 건살구를 작은 조각으로 자른다.

깊은 팬이나 냄비에 코코넛 오일을 데운다. 양파를 색이 나지 않게 2분간 중불에 볶는다. 마늘과 시나몬, 팔각, 카다멈을 넣어 2분간 더 볶는다. 쌀과 월계수 잎, 아몬드와 피스타치오, 소금과 후추를 넣은 뒤 자주 저어주며 2분간 더 조리한다.

400㎖의 물을 넣고 건살구와 건포도도 더한다. 한번 끓어오르면 약불로 낮추어 졸인다. 뚜껑을 덮어서 쌀이 수분을 모두 흡수해 부드러워질 때까지 가끔 저어주며 10분간 조리한다. 냄비를 불에서 내려 뚜껑을 열지 않은 상태로 5분간 뜸을 들인다.

잘 섞어서 잘게 썬 파슬리를 올려 따뜻할 때 낸다.

팁과 활용
- 필라프는 볶은 채소나 커리, 팔락 파니르(p.112)나 오렌지 렌틸콩으로 만든 달(p.116) 등과 함께 곁들여 메인 요리로 서브할 수 있다.
- 이 레시피는 간단하게 양념이나 향신료를 바꾸어서 무한하게 변화할 수 있다. 몇 가지 제안을 하자면,
- 향신료: 커민 씨, 고수 씨, 겨자 씨, 정향, 카다멈
  - 견과 및 곡류: 호두, 피칸, 헤이즐넛, 캐슈너트, 땅콩, 호박씨
  - 건과류: 무화과, 대추야자, 크랜베리, 고지베리, 골든베리

오렌지 렌틸콩으로 만든 달, 볶음밥과 오이 샐러드

Dahl de lentilles corail, riz sauté & salade de concombre

달은 채소를 바탕으로 한 인도 음식이다. 가장 유명한 형태로는 *마수르 달(masoor dal)* 로, 오렌지 렌틸콩을 주재료로 한 양념이 진하고 부드러운 요리다. 달에는 커리처럼 여러 가지 스타일이 있다. 소개되는 레시피는 채 썬 당근이 들어가 부드러움을 더한 나의 어머니의 것으로, 거기에 코코넛과 땅콩, 고지베리와 함께 볶음밥을 곁들였다.

글루텐 프리

2인분
준비 : 30분
마리네이드 : 1시간
조리 : 35분

오이 샐러드
오이 80g
쌀식초 2Ts
간장 1Ts
참기름 1ts
메이플시럽 1ts
해초 가루 1Ts

달
양파 ¼개
마늘 ½알
당근 30g
코코넛 오일 1Ts
통생강 간 것(혹은 가루) ½ts
코코넛 가루 1Ts
강황 가루 ½ts
코리앤더 가루 ½ts
파프리카 가루 ½ts
삶지 않은 오렌지 렌틸콩 50g
코코넛 우유 30㎖
토마토 페이스트 1Ts
간장 1Ts
소금 1꼬집
고수 작게 한 다발

볶음밥
바스마티 쌀 100g
통생강 1cm
레몬그라스 ½개
코코넛 오일 1Ts
코리앤더 씨 1ts
참깨 1ts
땅콩 10g
코코넛 가루 10g
고지베리 10g
소금, 후추

오이는 만돌린을 사용해 곱게 슬라이스한다. 쌀식초와 간장, 참기름과 메이플시럽을 샐러드 볼에 섞는다. 오이 슬라이스와 해초 가루를 넣어 한 시간 동안 냉장고에 보관한다.

양파와 마늘의 껍질을 벗기고 잘게 썬다. 당근도 가늘게 채 썬다.

소스 팬에 코코넛 오일을 넣고 양파를 중불에 2분간 계속 저으면서 약간 노르스름할 때까지 볶아준다. 마늘과 생강, 코코넛, 강황, 코리앤더와 파프리카를 넣는다. 섞은 다음 2분간 향이 우러나도록 볶는다. 렌틸콩과 코코넛 우유, 토마토 페이스트, 간장, 채 썬 당근, 소금과 180㎖의 물을 넣는다. 잘 섞은 다음, 내용물이 끓어오르면 액체가 흡수되어 뻑뻑해질 때 까지 중불에 15~20분간 뭉근히 끓인다. 조리 과정 중 수분이 충분히 있는지 중간중간 확인한다. 달은 크림처럼 부드러워야 한다. 완성 후 따뜻하게 보관한다.

쌀을 200㎖ 물과 함께 10분간 끓이고 체에 받쳐 물기를 제거한다. 생강의 껍질을 벗기고 채 썬다. 레몬그라스는 곱게 다진다.

코코넛 오일을 팬에 데우고 생강과 레몬그라스와 코리앤더 씨를 중불에 2분간 볶는다. 깨와 땅콩, 코코넛을 더하고 2분간 잘 저어주면서 볶되 코코넛 가루가 타지 않도록 잘 지켜본다. 쌀과 고지베리를 더하고, 소금 간을 한 뒤 계속 저어주면서 2분간 더 조리한다.

뜨거운 상태의 달과 볶음밥, 오이 샐러드를 접시에 담고 잘게 썬 고수잎으로 장식한다.

팁과 활용
- 달은 볶은 채소와 홈메이드 난(p. 73)을 곁들여 메인 요리처럼 먹을 수 있다.
- 오렌지 렌틸콩은 초록색 렌틸콩이나 푸아 카세(pois cassés, 말린 완두콩 알갱이를 반으로 쪼갠 것)으로 대체할 수 있다.

파인애플이 들어간 채소 옐로 커리와 쌀 크래커
Curry jaune de légumes à l'ananas & crackers de riz

본래 '커리(curry)'라는 단어는 한 나라, 심지어 그 지역의 문화적 전통에 따라 코리앤더, 커민, 강황, 고추, 생강, 후추, 펜넬, 겨자 등 조합이 다양한 향신료의 혼합을 의미한다. 또한 '커리'라는 단어는 가장 넓은 의미로 향신료의 맛과 향이 강한 소스에 조리된 음식을 지칭할 때 쓰인다. 레위니옹에서는 그것을 '카리(cari)'라고 부르는데, 인도식 커리의 현지 버전이다. 나는 이 풍성한 맛이 가득한 맛있는 요리와 함께 자랐고, 오늘날 내 요리의 전체를 이루는 한 부분이 되었다.

글루텐 프리

2인분
준비 : 20분
조리 : 25분

커리
고구마 150g
콜리플라워 130g
생 파인애플 60g
양파 ¼개
마늘 ½알
코코넛 오일(혹은 올리브오일) 1ts
커리 파우더 1ts
강황 가루 1ts
다진 생강 또는 생강가루 ½ts
코코넛 우유 120㎖
간장 2Ts
조리된 병아리콩 80g
캐슈너트 30g
소금 1꼬집

라이스 크래커
라이스 페이퍼 2장
튀김용 기름

고구마는 씻어서 깍둑썬다(무농약이라면 껍질을 제거하지 않는다). 콜리플라워는 꽃봉오리 부분만 자른다. 파인애플도 깍둑썬다. 양파와 마늘은 껍질을 벗기고 다진다.

소스 팬에 기름을 넣어 달군 뒤 양파를 넣고 2분간 노릇해지도록 잘 저으면서 볶는다. 마늘과 커리, 강황과 생강을 넣은 다음 2분간 더 볶는다. 고구마를 넣고 2분간 볶는다. 콜리플라워, 파인애플, 코코넛 우유, 간장과 80㎖의 물을 넣는다. 잘 뒤섞고, 끓어오르면 중불로 낮춰 고구마가 부드럽게 익을 때까지 10~15분간 천천히 조리한다. 혼합물에 너무 수분이 없다면, 조리 과정 중 물을 추가한다. 커리는 부드럽고 크리미해야 한다.

병아리콩을 더한 뒤 2분간 더 조리한다. 조리 마지막에 캐슈너트를 넣고 소금 간을 한 뒤 커리를 따뜻하게 보관한다.

원반 형태의 라이스 페이퍼를 떼어낸다. 소스 팬 바닥에 기름을 넣고 끓인다. 온도가 180℃가 되고, 팬 아래에 작은 기포들이 띠를 두르는 듯한 모양이 나타나면 집게로 라이스 페이퍼를 집어 기름에 넣는다. 라이스 페이퍼는 즉시 부풀어 오를 것이다. 크래커를 재빨리 튀김 기름에서 꺼내고 키친타월로 기름을 제거한다. 준비된 라이스 페이퍼를 다 소진할 때까지 작업을 반복한다.

따뜻한 커리를 크래커와 함께 곁들여 낸다.

팁과 활용
- 커리는 쌀, 곡물류나 홈메이드 난(p.73)과 곁들일 수 있다.
- 이 레시피는 계절 채소에 따라 변할 수 있다. 감자, 브로콜리, 당근, 완두콩, 껍질콩, 무, 호박, 토마토 등을 사용할 수 있다.

독창적인 레위니옹 루가이유 소시지

Rougail saucisses réunionnais à ma façon

루가이유 소시지는 내 어린 시절의 전부라고 할 수 있다. 레위니옹 출신인 나의 어머니는 큰 행사가 있을 때마다 루가이유 소시지를 만들어 내곤 했다. 그리고 어머니는 그것을 단순히 여기지 않았다. 좋은 재료를 찾아야 했고, 재료의 신선함과 퀄리티도 보장되어야 했으며, 무엇보다도 사랑을 가득 담아서 재료의 아로마가 온전히 배도록 천천히 오랜 시간을 두고 요리했다. 당연히 내 어머니의 루가이유와 비견할 순 없겠지만, 이 비건 버전은 미각을 황홀하게 만들기에 완벽하다.

글루텐 프리

4인분
준비 : 30분
조리 : 20분
불리기 : 20분
휴지 : 10분

콩 메다이용(mdaillon)*
건조 대두단백 150g
채소 육수 500㎖
샬롯 2개
마늘2알
간장 2Tbs
머스터드 2Ts
식이 효모 2Ts
펜넬 씨 1ts
마늘 분말 1ts
오레가노 가루 1ts
타임 3줄기
소금 ¼ts
후추 ¼ts
병아리콩 가루 40g
올리브오일 2Ts

루가이유
토마토 4개
양파 2개
마늘 2알
통생강 1cm
작은 홍고추 2개
올리브오일 1Ts
타임 2줄기
강황 가루 1ts
소금, 후추

곁들임
바스마티 쌀 240g

대두단백은 따뜻한 채소 육수에 넣어 20분간 불린 뒤 체에 받쳐 물기를 제거한다.

샬롯과 마늘은 껍질을 벗기고 다진다. 대두단백과 샬롯, 마늘, 간장, 머스터드, 효모, 펜넬, 마늘 분말, 오레가노, 타임, 소금과 후추를 믹서에 갈아서 뻑뻑한 반죽 형태로 만든다. 혼합물을 샐러드 볼에 넣고 병아리콩 가루를 혼합한다. 반죽은 손으로 작업할 수 있도록 너무 달라붙거나 분해되지 않도록 충분히 단단해야 한다. 너무 수분이 많다면 병아리콩 가루를 추가한다. 샐러드 볼에 뚜껑을 씌워 10분간 시원한 곳에서 휴지시킨다.

쌀은 450㎖의 물을 붓고 끓여 부드러운 밥을 만든다.

반죽을 한 스푼 덜어 공 모양으로 성형한 다음 납작하게 눌러 두꺼운 원반 형태로 만든다. 반죽이 모두 소진될 때까지 작업을 반복한다. 팬에 기름을 두르고 메다이용의 각 면을 4분간 굽는다. 한 김 식힌다.

토마토는 깍둑썬다. 양파와 마늘은 껍질을 벗겨 잘게 썬다. 생강의 껍질을 벗기고 고추와 함께 곱게 다진다.

팬에 기름을 두르고 중불에서 양파를 색이 나지 않게 2분간 볶는다. 마늘과 생강, 고추와 타임을 넣은 다음 1분간 더 볶는다. 토마토와 강황을 더하고 간을 한 다음 토마토가 부드러워지도록 10분간 중불에서 더 조리한다. 재료들이 마르거나 팬에 눌어 붙지 않도록 필요시 물을 더한다. 메다이용을 넣고 약불에 천천히 5분간 조리한다.

뜨거운 루가이유를 쌀밥과 함께 낸다.

팁과 활용
시간이 없다면 콩 메다이용을 템페나 두부, 병아리콩, 다른 콩류로 대체하거나 아니면 단순하게 계절 채소로만 만들 수도 있다.

* 재료를 동그란 모양으로 도톰하게 잘라 조리한 것

아삭한 채소와 구운 템페, 쌀국수를 넣은 스프링 볼

Spring bowl aux vermicelles de riz, légumes croquants & tempeh grillé

돌돌 말아야 하는 귀찮은 작업 없이도 스프링 롤만큼이나 맛있다! 아삭한 채소, 마리네이드한 템페, 버미셀리 쌀국수로 볼을 형형색색 채우고, 땅콩 소스를 떨어트려 주면 각각의 맛이 입속에서 폭죽처럼 터진다. 매우 산뜻하고, 영양 가득하며 만들기에도 손쉬워서 한여름날의 맛있는 점심으로 이상적이다.

글루텐 프리

볼 2개
준비 : 15분
조리 : 10분

그릴드 템페
템페 160g
참기름 1Ts
간장 1Ts
메이플시럽 2ts
토마토 페이스트 2ts

땅콩 소스
땅콩버터 60g
간장 2Ts
메이플시럽 2ts
라임주스 2ts
쌀 식초 1Ts
생강가루 ½ts

쌀국수
버미셀리 쌀국수 100g
참기름 1Ts
간장 1Ts
쌀 식초 1Ts

곁들임
적양배추 ¼개
당근 1개
오이 ¼개
레드 파프리카 ½개
잠두콩 또는 에다마메(풋콩) 40g
민트 4줄기
고수 4줄기
구운 땅콩 2줌

템페는 입방체로 자른다. 팬에 참기름을 두르고 중불에 모든 면이 노릇해지도록 4분간 볶는다. 간장과 메이플시럽, 토마토 페이스트와 물 2스푼을 넣는다. 쉬지 않고 저어주며 1분간 더 조리한다.

땅콩 소스의 모든 재료를 물 2스푼과 함께 볼에 넣는다. 원하는 농도를 위해 물의 양을 조절한다. 소스가 너무 되직하면 좀 더 묽어지도록 물을 한 스푼씩 추가한다.

끓는 물을 샐러드 볼에 붓고 버미셀리 국수를 5분간 불려 부드럽게 한다. 체에 걸러 물기를 빼고 참기름, 간장, 식초와 섞는다.

적양배추를 곱게 다진다. 당근은 껍질을 벗긴 뒤 필러를 사용해 리본 형태로 저민다. 오이는 작은 막대 모양으로 자른다. 파프리카는 씨를 제거하여 얇게 자른다. 콩은 껍질을 벗긴다.

쌀국수와 생채소를 큰 볼 두 개에 나누어 담는다. 구운 템페와 민트, 고수를 올린다. 소스를 전량 끼얹고 구운 땅콩을 부수어서 뿌린다.

팁과 활용
- 버미셀리 국수는 다른 종류의 면류(국수, 쌀국수, 소바, 곤약, 스파게티)나 쌀밥, 퀴노아로 대체할 수 있다.
- 이 풍미 가득하고 맛있는 땅콩버터 소스는 아시아 영향을 받은 모든 요리에 맛을 낼 뿐 아니라, 튀긴 스프링 롤, 사모사 아니면 월남쌈을 찍어 먹기에 이상적이다.

채소와 템페 미고렝

Mie goreng au tempeh & aux légumes sautés

채소볶음은 아시아의 고전 요리라 할 수 있다. 각 나라와 지역마다 그곳만의 채소볶음 요리가 있다. 일본의 야키소바, 중국의 차우멘, 태국의 팟타이, 그리고 인도네시아에는 바로 미고렝이 있다. 나는 이 대중적인 음식을 발리에서 맛보았는데, 와룽(warung)이라 불리는 작은 전통식당과 노점상에서 나오는 음식이었다. 볶은 채소와 국수로 구성되어 있는 이 요리는 조리 중 캐러멜화된 달콤 짭짤한 소스가 배어 있어 아주 간단하지만 풍미 가득한 음식이다.

글루텐 프리 옵션

2인분
준비 : 10분
조리 : 10분

국수 또는 쌀국수 150g
템페 150g
레드 파프리카 ½개
당근 1개
브로콜리 50g
쪽파 1개
풋고추 1개(선택 사항)
샬롯 1개
마늘 1알
통생강 1cm
간장 4Ts
쌀 식초 3Ts
메이플시럽 1Ts
참기름 1Ts
익혀서 물기를 제거한 옥수수 50g
캐슈너트 30g
라임 ½개

포장지에 표기된 대로 국수를 익힌다(보통 끓는 물에 약 6분간). 체에 걸러 차가운 물에 바로 씻는다.

템페를 입방체로 자른다. 파프리카는 길게 자르기 전 씨를 제거한다. 당근은 껍질을 벗겨 작은 막대 모양으로 자른다. 브로콜리는 작은 송이로 자른다. 양파와 풋고추는 얇게 썬다. 샬롯과 마늘, 생강은 껍질을 벗겨 고운 입자로 잘게 썬다. 작은 볼에 간장과 식초, 메이플시럽을 물 3스푼과 함께 섞는다.

웍이나 낮은 냄비에 참기름을 두르고, 샬롯을 중불에 2분간 가볍게 볶는다. 마늘과 생강을 넣어서 2분간 더 볶는다. 파프리카, 당근, 브로콜리, 옥수수, 템페와 캐슈너트를 넣은 다음 계속 모든 재료를 저어주면서 3분간 볶는다. 소스와 국수, 쪽파와 고추를 넣는다. 모든 재료에 소스가 배어들고 따뜻해질 때까지 2분간 계속 저으면서 볶는다.

볼에 음식을 담고 간장과 라임 ¼조각을 곁들여 낸다.

팁과 활용
- 템페는 발효된 콩을 주재료로 한 전통 음식이다. 가장 흔하게는 밀도가 높은 덩어리 형태로 구할 수 있다. 아시아 식료품점이나 친환경 매장의 신선 코너에서 점점 더 쉽게 볼 수 있다. 템페가 없을 경우, 두부나 병아리콩을 사용할 수 있다.
- 여러분은 국수, 쌀국수, 소바, 심지어 곤약면 등 여러 종류의 아시안 면을 사용해 이 레시피를 따라할 수 있다. 또한 채소도 배추, 청경채, 애호박, 잠두콩, 완두콩 등으로 대체하여 여러분의 상황에 맞게 응용해볼 수 있다.

채소 완자와 면을 넣은 인도네시아식 국물 요리, 박소

Bakso : bouillon indonésien aux boulettes & aux nouilles

발리에서 내 마음을 사로잡은 또 다른 대중음식인 *박소(bakso)*는, 인도네시아어로 둥근 고기 완자를 뜻한다. 보통 약간의 채소와 국수가 들어간 국물에 함께 넣어서 낸다. 미고렝처럼 인도네시아의 전형적인 길거리 음식으로, 와룽이나 노점상에서 살 수 있다. 박소의 종류는 오늘날 스무 개가 넘는데, 여기에 소개하는 것은 버섯으로 만든 부드러운 완자와 국수가 담긴 향긋한 국물 요리이다.

글루텐 프리

2인분
준비 : 30분
조리 : 40분
휴지 : 30분

완자
양송이버섯 160g
마늘 1알
샬롯 1개
올리브오일 1Ts
익힌 흰 강낭콩 100g
오트밀 40g
옥수수 전분 20g
간장 2Ts
메이플시럽 1ts
마늘 분말 ½ts
커민 가루 ¼ts
소금, 후추

국물
샬롯 1개
마늘 1알
통생강 5g
레몬그라스 끝부분 조금
청경채(혹은 배추) 120g
채소 육수 500㎖
참기름 1Ts
코코넛 우유 6Ts
간장 2Ts
표고버섯 혹은 말린 버섯 10g
(선택 사항)
소금 한 꼬집
밀국수 혹은 쌀국수 80g

곁들임
쪽파 1개
고수 4줄기
구운 땅콩 20g
튀긴 양파 2Ts

버섯과 마늘, 샬롯을 씻어서 곱게 다진다. 팬에 올리브오일을 달궈서 재료들을 5분간 볶는다.

흰 강낭콩을 씻어 물기를 뺀다. 흰 강낭콩과 오트밀, 전분, 간장, 메이플시럽, 마늘 분말과 커민, 소금, 후추를 넣고 믹서기에 돌려 균일한 반죽이 되도록 한다. 조리된 버섯 혼합물을 넣고 입자가 조금만 남아 있도록 짧게 한 번 더 갈아준다. 랩으로 표면을 밀착시켜 30분간 시원한 곳에서 휴지한다.

반죽을 한 스푼 떠서 손에서 굴려 가며 골프공 형태로 성형한다. 8개가 될 때까지 작업을 반복한다. 냄비에 물을 넉넉히 부어 끓인다. 물이 끓으면, 완자를 넣고 다시 표면에 뜰 때까지 15분간 익힌다. 망 국자로 완자들을 건져내 물기를 제거한다.

샬롯과 생강, 레몬그라스의 껍질을 벗기고 다진다. 이 향신채를 절구에서 으깨거나 믹서기로 갈아서 페이스트 형태로 만든다. 청경채를 다진다. 참기름과 향신채 페이스트, 배추를 냄비에 넣어 3분간 살짝 볶는다. 그런 다음 채소 육수를 붓고, 코코넛 우유와 간장을 넣고 말린 버섯과 소금 한 꼬집을 더한다. 뚜껑을 덮어서 15분간 뭉근히 끓여준다. 국수를 넣고 국수 포장지에 적힌 시간만큼 조리를 더 한다. 냄비를 불에서 내리고 국물을 따뜻하게 보관한다.

쪽파와 고수를 잘게 썰고, 땅콩은 굵게 다진다. 볼에 따뜻한 국수를 담고 완자를 곁들인 뒤 쪽파와 고수, 땅콩과 튀긴 양파를 곁들인다.

초대 음식
À PARTAGER

삶은 채소와 아삭한 채소를 곁들인 프로방스풍 그랑 아이올리
Grand aïoli provençal, légumes cuits & croquants

이 요리는 프로방스 요리의 고전이자, 모처럼 친구들과 함께 식탁에 둘러앉아 먹기에 좋다(하지만 데이트 전에는 추천하지 않는다. 왜 그런지 알 것이다). 아이올리의 기원은 마늘과 올리브오일의 유화를 기본으로 하는 마요네즈 타입의 소스이다. 이 소스에 생선과 해산물, 크루통, 알 덴테로 익힌 채소를 곁들인다. 아페리티프로 적당한 간단하고 손쉬운 레시피를 소개한다.

글루텐 프리

6인분
준비 : 20분
조리 : 20분

채소
작은 햇감자 180g
작은 햇당근 6개
콜리플라워 200g
그린빈 120g
양파 1개
방울토마토 12개
래디시 12개

크루통
바게트 1개
마늘 1알
올리브오일

아이올리 소스
마늘 2알
두유 크림 60g
사과식초 3Ts
머스터드 1Ts
소금 ¼ts
후춧가루 ¼ts
유채유 50g
올리브오일 50g

감자와 당근의 껍질을 벗긴다(무농약인 경우 껍질은 제거하지 않는다). 콜리플라워는 송이로 자른다. 그린빈의 꼭지는 떼어낸다. 양파의 껍질을 벗겨 6~8등분한다. 당근과 감자, 콜리플라워는 15~20분, 그린빈과 양파는 10분간 찌거나 끓는 물에 익힌다. 채소를 건져내 물기를 제거하고, 뚜껑을 덮어 채소들이 미지근해지도록 놓아둔다.

바게트를 슬라이스하고 붓을 사용해 올리브오일을 바른다. 크루통에 필요한 마늘의 껍질을 깐 뒤 잘라서 각 빵 조각에 문질러 마늘 향을 입힌다. 빵 조각을 팬에 올려 유지류 없이 각 면을 몇 분간 구워준다.

소스에 필요한 마늘의 껍질을 벗기고 으깬다. 목이 높은 용기에 마늘과 두유 크림, 식초, 머스터드, 소금과 후추를 넣어 핸드 블렌더로 갈아준다. 조금씩 오일을 넣으면서 계속 블렌더로 갈아 마요네즈처럼 단단하고 매끄러워질 때까지 소스를 유화시킨다. 시원한 곳에 보관한다.

커다란 접시에 채소를 놓고 아이올리 소스와 바게트 크루통을 곁들여 낸다.

팁과 활용
- 호박, 비트, 아티초크, 펜넬, 엔다이브 등 다른 생채소나 익힌 채소를 곁들일 수 있다.
- 이 요리는 타프나드나 후무스, 혹은 토마토 캐비아(p.135)와 곁들여도 좋다.

피스타치오와 루콜라 페스토를 넣은 미니 밥카 Mini-babkas au pesto de roquette & pistaches

초콜릿과 오렌지 *밥카(babka)* 맛을 아시는지? 그만큼 너무나도 맛있는 짭짤한 버전을 만나보자. 이 미니 밥카는 부드러운 브리오슈 반죽에 루콜라 페스토와 바질, 그리고 피스타치오를 채워 지중해를 떠올리게 하는 좋은 향이 난다. 아페리티프로, 혹은 신선한 샐러드를 곁들여 점심 메뉴로 적당하며 피크닉에 가져가기에도 완벽한 크기이다.

미니 밥카 6개
준비 : 30분
휴지 : 2시간 15분
조리 : 30분

밥카 반죽
미지근한 아몬드유 110㎖
드라이이스트 4g
T55 밀가루 200g
코코넛 설탕(혹은 사탕수수 설탕) 10g
소금 ½ts
올리브오일 40g
레몬 제스트 ½개

페스토
루콜라 30g
구운 피스타치오 20g
호두 20g
식이 효모 2Ts
마늘 1알
바질 작게 한 다발
올리브오일 1Ts
발사믹 식초 1ts
플뢰르 드 셀 1꼬집

가니쉬
그릴한 피스타치오 10g
식용유(포도씨유, 해바라기유 등)

코팅
올리브오일 2Ts
메이플시럽 1ts
으깬 마늘 ½알
플뢰르 드 셀 1꼬집

볼에 미지근한 아몬드유를 붓는다. 드라이이스트를 표면에 뿌리고 5분 정도 활성화되도록 놓아둔 다음 잘 녹인다.

밀가루, 설탕, 소금을 믹싱볼이나 큰 샐러드 볼에 넣는다. 가운데를 우묵하게 만든 다음 아몬드유와 이스트 혼합물, 올리브오일과 레몬 제스트를 넣는다. 반죽이 붙지 않고 매끈하면서 탄력이 있도록 후크를 장착한 반죽기를 사용하여 혹은 덧가루를 뿌린 작업대에서 손으로 8~10분간 반죽한다. 반죽을 둥글게 굴려서 공 모양으로 만든 다음 기름칠한 샐러드 볼에 넣는다. 천으로 덮고 따뜻한 곳에서 반죽이 부풀도록 약 1시간 30분 정도, 혹은 반죽의 부피가 두 배가 될 때까지 발효시킨다.

페스토에 사용할 모든 재료를 믹서에 넣고 너무 묽어지지 않게 중간중간 끊어가며 균일하지만 알갱이가 느껴질 정도로 갈아준다(어느 정도 질감을 유지하기 위해 너무 갈지 않도록 한다).

덧가루를 뿌린 작업대에서 반죽을 약 60cm 정도 되는 길이의 직사각형 모양으로 펴준다. 페스토를 한 면 전체에 바른 다음 굵게 부순 구운 피스타치오를 더한다. 반죽을 너비에 따라 말아서 기다란 순대 모양을 만들고 동일한 길이로 6등분한다. 나누어진 반죽을 세로로 길게 2등분한 다음 두 갈래로 땋는다. 양끝은 손가락으로 꾹꾹 눌러주며 밀봉한다. 밥카를 기름칠한 미니 케이크 틀에 넣는다. 천을 덮어 따뜻한 곳에서 45분간 부풀도록 한다.

오븐을 175℃(th.5-6)로 예열한다. 코팅물의 모든 재료를 섞어서 준비한다. 밥카를 25분간 오븐에 구운 다음 붓으로 밥카 위에 코팅물을 바른 뒤 노릇해질 때까지 5분간 더 굽는다. 오븐에서 밥카를 빼고 한 번 더 코팅물을 바른다. 틀에서 꺼내기 전에 완전히 식힌다.

후무스, 타프나드, 토마토 캐비아를 곁들인 허브 크래커

Crackers aux herbes, houmous, tapenade & caviar de tomates

흔히 아페리티프라고 하면 무조건 크래커와 디핑 소스를 생각한다. 하지만 다음번에 손님을 맞이하게 되면 꼭 여러분이 처음부터 끝까지 손수 준비한 것이라고 이야기하자. 허브가 들어간 바삭한 과자와 기막히게 어울리는 말린 토마토 캐비아, 살짝 해조향이 느껴지는 블랙 올리브 타프나드, 말랑한 레몬 콩피가 들어간 후무스만큼 쉬운 레시피는 없다.

글루텐 프리

6인분
준비 : 30분
조리 : 20분

크래커
오트밀 가루 100g
현미 가루 100g
옥수수 전분 60g
아마씨 가루 40g
커민 가루 2ts
말린 로즈마리 3Ts
마늘 분말 1ts
소금 ½ts
올리브오일 40g
참깨 2Ts
양귀비씨 1Ts
플뢰르 드 셀 ½ts

토마토 캐비아
드라이 토마토 40g
호두 40g
토마토 페이스트 2Ts
올리브오일 1Ts
발사믹 식초 1Ts
말린 오레가노 ½ts
파프리카 가루 ½ts
고춧가루 1꼬집
소금, 후추

타프나드
블랙올리브 100g
마늘 1알
케이퍼 절임 5g
올리브오일 1Ts
타임 3줄기
김 1장
소금, 후추

후무스
익힌 병아리콩 130g
무가당 비건 요구르트 40g
레몬 콩피 1개
마늘 ½알
참깨 퓨레(타히니) 1Ts
올리브오일 1Ts
레몬즙 1Ts
커민 가루 ½ts
소금, 후추

오트밀 가루와 현미 가루, 전분, 아마씨, 커민, 로즈마리 한 스푼, 마늘 분말과 소금을 샐러드 볼에 넣는다. 올리브오일을 넣어 섞는다. 이때, 반죽은 건조하고 바스라지는 상태여야 한다. 물 140㎖를 혼합하여 반죽이 매끈하고 아주 약간 점성이 있을 때까지 잘 섞는다.

공 모양으로 성형한 다음 유산지 두 장 사이에 반죽을 넣어 3mm 두께로 펴준다. 반죽 위에 참깨, 양귀비씨, 로즈마리와 플뢰르 드 셀을 흩뿌린다. 반죽에 잘 붙도록 밀대로 조심스럽게 밀어준다. 반죽을 작은 정사각형 모양으로 칼집을 내되 완전히 떨어지지는 않게 한다. 유산지를 깐 오븐 팬에 반죽을 넣고 15분간 굽는다. 크래커를 칼집대로 떼어내고 뒤집어서 노릇해질 때까지 5분간 더 굽는다. 한 김 식힌다.

토마토 캐비아의 재료를 모두 믹서기에 갈아서 균일하지만 알갱이는 남아 있게 만든다. 약간의 질감이 남도록 너무 강하게 갈지 않는다.

올리브의 씨앗을 제거한다. 마늘의 껍질을 벗기고 다진다. 타프나드의 모든 재료를 완전히 혼합되도록 믹서에 간다.

병아리콩은 씻어서 물기를 빼고, 후무스의 모든 재료를 믹서기에 넣어 매끈하고 부드러운 크림이 되도록 간다.

커다란 쟁반에 토마토 캐비아, 타프나드, 후무스를 놓고 크래커와 함께 낸다.

팁과 활용
- 더 부드러운 후무스를 만들려면, 직접 마른 병아리콩을 삶은 뒤 껍질을 벗겨 갈아준다.
- 그린올리브를 사용해 동일한 방법으로 타프나드를 만들 수 있다.

구운 파프리카 크림과 감자 토르티야

Tortilla de patatas & crème de poivrons grillés

여러분이 스페인의 바에 간다면, 타파스 메뉴 최상단에서 감자 토르티야를 분명히 찾을 수 있을 것이다. 감자로 채워진 이 두꺼운 오믈렛은 식사로 먹기도 하고, 잘게 썰어 간식이나 파티 음식으로 먹기도 한다. 이 간단한 음식에 사과 슬라이스와 구운 파프리카 크림을 곁들여 약간의 독창성을 가미했다. 얼른 냉장고에 상그리아를 넣어라!

글루텐 프리

6~8인분
준비 : 20분
조리 : 60분

토르티야
감자 400g
골든 사과* 1개
양파 1개
올리브오일 2Ts
병아리콩 가루 150g
무가당 두유 요구르트 70g
식이 효모 2Ts
강황 ½ts
칼라 나마크 소금 ¼ts
소금, 후추

파프리카 크림
레드 파프리카 큰 것 2개
올리브오일 1Ts
마늘 1알
무가당 두유 요구르트 20g
발사믹 식초 1Ts
파프리카 가루 ½ts
소금, 후추

오븐을 180℃(th.6)로 예열한다. 직경 26 x 20cm 정도 크기의 사각 용기에 기름칠을 하고, 밑과 옆에 유산지를 덧댄다.

감자와 사과의 껍질을 제거하고 만돌린을 사용해 2mm 두께로 슬라이스한다. 양파는 껍질을 벗겨 채 썬다. 기름 한 스푼을 두른 팬에 중불로 감자를 10분간 색을 내지 않고 계속 저어주며 볶는다. 사과와 양파를 넣고 2분간 가볍게 익힌다. 간을 한다.

병아리콩 가루, 요구르트, 남은 올리브오일, 효모, 강황, 소금을 200㎖ 물과 함께 갈아서 알갱이 없이 흐르는 듯한 질감의 반죽을 만든다. 반죽을 샐러드 볼에 담고 조리한 감자와 사과를 혼합한다. 감자와 사과 슬라이스들이 납작해지도록 그릇에 동일한 두께로 혼합물을 붓고 20분간 조리한다. 칼끝으로 반죽을 찔러 익힘을 확인하는데, 이때 막힘없이 들어가야 한다. 다 익으면 토르티야를 용기째로 식힌다.

오븐의 온도를 200℃(th.6-7)로 올린다. 파프리카를 오븐 팬에 놓고 기름을 뿌린 뒤, 파프리카의 껍질이 부드러워지고 갈색 점들이 생기면서 쪼글쪼글해질 때까지 30분간 조리한다. 껍질을 벗기기 전 천이나 쿠킹 포일로 덮어서 20분간 식힌다. 꼭지와 씨앗도 제거한다.

마늘 껍질을 벗기고 슬라이스한다. 파프리카 과육과 마늘, 요구르트, 식초, 파프리카 가루와 소금 후추를 함께 믹서에 갈아서 진하고 부드러운 크림을 만든다. 맛을 본 다음 간을 조절한다.

식은 토르티야를 그릇에서 꺼내 자르고 파프리카 크림과 함께 낸다.

* Pomme golden, 프랑스에서 가장 많이 생산되는 사과 품종 중 하나이며, 골든딜리셔스(Golden delicious)로도 알려져 있다. 국내에서는 골든딜리셔스와 천추를 교배한 시나노 골드 품종이 유사하다.

즉석 피살라디에르 익스프레스
Pissaladière express pour apéros improvisés

피살라디에르는 타르트가 아니라 오히려 피자에 가깝다! 심지어 피살라디에르(Pissaladire)라는 단어는 빵 반죽에 올리브오일로 오랫동안 조리한 양파가 올라간 이 음식을 뜻하는 이탈리아어 핏자 알란드레아(pizza all'Andrea)에서 왔다. 역시 간단하면서도 맛있는 이 음식은 따뜻하게 혹은 차갑게, 점심 식사로, 혹은 아페리티프로 먹기 좋다. 글루텐 프리 버전은 빨리 준비할 수 있고 발효할 필요가 없다.

글루텐 프리

6인분
준비 : 30분
조리 : 35분

반죽
코코넛 우유 120g
올리브오일 1Ts
사과식초 1ts
베이킹파우더 4g
마늘 분말 ½ts
말린 오레가노 ½ts
소금 ¼ts
쌀가루 60g
아몬드 가루 60g
전분 60g

가니쉬
양파 300g
올리브오일 2Ts
사탕수수 설탕 1Ts
타임 2줄기
블랙 올리브 큰 것 6개
소금, 후추

코코넛 우유와 올리브오일, 식초를 샐러드 볼에 섞는다. 베이킹파우더와 마늘 분말, 오레가노와 소금을 넣는다. 잘 섞어준 다음 2분간 베이킹파우더와 식초의 산이 만나 거품이 만들어지도록 놓아둔다. 쌀가루와 아몬드 가루, 전분을 혼합하여 휘퍼로 덩어리 없이 매끈한 묽은 반죽을 만든다. 이때 반죽은 약간 수분감이 있고 달라붙되 무른 정도여야 한다. 상온에서 5분간 휴지시킨다.

양파의 껍질을 벗기고 곱게 채 썬다. 올리브오일을 두른 팬에 양파와 설탕, 소금 1꼬집을 넣고 볶는다. 양파가 흐물흐물해지도록 천천히 15~20분간 계속 저어주면서 부드럽게 될 때까지 익힌다. 타임을 넣은 뒤 불을 올리고 양파에 색이 나도록 2분간 더 볶는다. 이때 타지 않도록 조심한다. 간을 한다.

오븐을 180℃(th.6)로 예열한다. 유산지를 깐 오븐 팬에 반죽을 두께 8mm 정도의 원형으로 얇게 펼친다. 가장자리는 쿠션처럼 도톰하게 성형한다. 가장자리를 피해서 반죽 위에 양파볶음을 넓게 펼치고 올리브를 놓는다. 가장자리는 붓을 사용해 올리브오일을 잘 발라준다. 그런 다음 오븐에서 12분간 가장자리가 노릇해질 때까지 굽는다. 내기 전 몇 분간 식힌다.

팁과 활용
이 글루텐 프리인 속성 반죽은 피자나 얇은 타르트를 만드는 데에도 사용할 수 있다. 예를 들어 토마토 소스나 크림 소스, 타프나드 혹은 후무스를 채운 다음 버섯, 호박, 가지, 파프리카 같은 채소를 더할 수 있다.

나초, 브로콜리 과콰몰리, 피코 데 가요와 치즈 소스
Nachos, guacamole de brocoli, pico de gallo & cheese sauce

바삭하면서 때로는 담백하고, 때로는 매콤한 토르티야 칩은 모든 종류의 소스를 비롯해 과콰몰리에도 찍어 먹기 이상적인 음식이다. 아보카도의 맛이 끝내주는 멕시코와 코스타리카에서, 볼에 담긴 과콰몰리와 토르티야 한 바구니 없이 식사를 시작한 적이 한 번도 없는 것 같다. 프랑스에도 너무나 좋은 식재료들이 많기에, 익힌 브로콜리로 과콰몰리를 재탄생시켜보았다. 결과적으로 역시 크리미하고 맛있다.

글루텐 프리

8인분
준비 : 30분
조리 : 40분
휴지 : 1시간

토르티야 칩
코코넛 오일 60g
코코넛 가루 100g
아몬드 가루 90g
아마씨 가루 30g
마늘 분말 2ts
강황 가루 1ts
파프리카 가루 1Ts
소금

브로콜리 과콰몰리
통 브로콜리 200g
무가당 비건 요구르트 50g
마늘 1알
고수 4줄기
레몬즙 1Ts
커민 가루 ½ts
소금, 후추

치즈 소스
흰 강낭콩 통(병)조림 200g
식이 효모 4Ts
머스터드 1ts
올리브오일 1ts
메이플시럽 1ts
마늘 분말 ½ts
강황 가루 ¼ts
소금, 후추

피코 데 가요*
토마토 1개
망고 ¼개
적양파 1개
피망 1개
고수 4줄기
라임즙과 제스트 ½개분
소금, 후추

오븐을 160℃(th.5-6)로 예열한다. 코코넛 오일을 녹인다.

코코넛 가루, 아몬드 가루, 아마씨, 마늘 분말, 강황 가루와 소금을 샐러드 볼에 섞은 다음, 녹인 코코넛 오일을 부어서 가루 재료와 잘 섞는다. 이때, 반죽은 물기 없이 건조하고 잘 부서져야 한다. 140㎖의 미지근한 물을 조금씩 혼합하여 반죽이 매끈하고 약간 달라붙는 정도로 만든다.

반죽을 공 모양으로 성형한 뒤 유산지 두 장 사이에 넣어 약 2mm의 두께로 납작하게 펼친다. 가장자리를 자른 다음 삼각형 모양으로 재단하되 완전히 분리하지 않도록 한다. 오븐 팬에 유산지를 놓고 15분간 굽는다. 칩을 서로 떼어주고 난 뒤 뒤집어서 노릇해질 때까지 5분간 더 굽는다. 오븐에서 꺼내자마자 붓이나 키친타월을 사용하여 파프리카 가루와 소금을 양면에 바른 다음 완전히 식힌다.

브로콜리를 찜기에 찌거나 끓는 물에 넣어 15~20분간 부드러워질 때까지 익힌다. 물기를 제거한 뒤 나머지 과콰몰리의 재료들을 믹서기에 갈아 부드러운 크림을 만든다.

흰 강낭콩을 씻어 물기를 제거하고 나머지 치즈 소스의 재료들과 함께 갈아 매끈하고 녹진한 소스를 만든다. 너무 되직한 경우, 비건 우유를 더한다.

토마토와 망고를 입방체로 썬다. 양파는 껍질을 벗겨 파프리카, 고수와 함께 곱게 작은 입방체로 썬다. 피코 데 가요의 모든 재료를 볼에 섞는다. 음식을 내기 전 최소 1시간 이상 시원한 곳에서 보관하는 것이 좋다.

*토마토, 양파, 고추, 고수 등을 작게 잘라 섞어낸 멕시코의 대중적인 소스.

팁과 활용
토르티야 칩을 큰 접시에 담아서 녹인 식물성 치즈와 과콰몰리, 칠리를 곁들여 멕시코식 나초 형태로 낼 수도 있다.

레위니옹식 루가이유와 채소 절임
Rougails & achards de légumes comme à La Réunion

루가이유는 그 형형색색의 모습, 향신료의 냄새, 강렬한 맛에서 레위니옹의 모습을 그대로 담고 있다. 그리고 내가 보기엔 섬의 가장 상징적인 음식이기도 하다. 접시 한켠에 약간의 루가이유 없이 카리, 쌀밥, 혹은 어떤 다른 음식을 먹는다는 것은 생각하기 힘들다. 어쩌면 여러분은 유명한 루가이유 소시지를 알고 있겠지만, 사실 루가이유는 채소와 과일을 주재료로 한 양념이다. 여러 종류가 있는데, 그중 내가 가장 좋아하는 것은, 이미 알고 있겠지만, 바로 어머니가 만들곤 했던 땅콩 페이스트가 들어간 피스타치오* 루가이유다.

4~6인분
준비 : 40분
휴지 : 48시간
조리 : 15분

채소 절임
양배추 ½개
당근 4개
그린빈 250g
레몬 ½개
양파 1개
마늘 2알
통생강 3cm
풋고추 1~2개(기호에 맞춰)
굵은소금 ½ts
올리브오일 2Ts
강황 가루 1ts
커민 가루 1ts
식초 1Ts
레몬즙 1Ts

토마토 루가이유
토마토 250g
쪽파 줄기 1개
샬롯 2개
통생강 2cm
홍고추 1~2개(기호에 맞춰)
플뢰르 드 셀 1꼬집
올리브오일 1Ts
카피르 라임* 제스트 ¼개 분량

피스타치오 루가이유
양파 큰 것 1개
쥐똥고추 1개(취향에 따라)
통(병)조림의 홀토마토 3개
올리브오일 1Ts
땅콩버터 80g
소금 ¼ts

양배추는 가늘게 채 썬다. 당근은 껍질을 벗기고 3~5cm 정도로 길고 가느다랗게 썬다. 그린빈의 꼭지를 제거하고 당근 길이와 비슷하게 2~3등분한다. 레몬을 슬라이스한다. 양파와 마늘, 생강의 껍질을 벗기고 다진다. 고추를 곱게 다진다. 양파, 마늘, 생강, 고추와 소금을 절구에 찧어 페이스트 형태로 만든다.

그린빈은 끓는 물에 2분간 데쳐 차가운 물에 바로 담군 뒤 충분히 식으면 체에 거른다.

커다란 냄비에 올리브오일 한 스푼을 데운다. 양파 페이스트, 강황 가루, 커민 가루를 넣어 2~3분간 섞어주면서 가볍게 볶는다. 채소를 넣고 강불에 3분간 일정하게 저으면서 익힌다.

조리한 채소를 샐러드 볼에 붓고 식초, 레몬즙, 남은 오일을 넣는다. 채소들이 부드러워지고 채즙이 빠져나가도록 손으로 치댄다. 채소 절임을 유리병으로 옮겨 담고 뚜껑을 닫아 시원한 곳에서 최소 48시간 이상 재운다.

토마토는 작은 입방체로 자른다. 쪽파 줄기를 잘게 썬다. 샬롯과 생강은 껍질을 벗겨 고추와 함께 곱게 다진다. 절구에 생강과 고추와 소금을 으깬다. 토마토와 생강-고추 페이스트를 샐러드 볼에 섞는다. 올리브오일을 넣고 쪽파 줄기와 카피르 라임 제스트를 넣어 섞는다. 시원한 곳에서 보관한다.

양파와 고추의 껍질을 벗겨 곱게 다진다. 껍질이 제거된 토마토를 굵게 다진다. 기름을 두른 팬에 양파를 2분간 색을 내지 않고 가볍게 볶는다. 토마토와 고추를 더하고 5분간 익힌 뒤 땅콩버터, 물 두 스푼, 소금을 더한다. 섞어서 2분간 뭉근히 끓인다. 루가이유는 크림처럼 부드러워야 한다. 물을 한 스푼씩 조금 더 넣으면서 적절한 농도로 맞춘다. 미지근하게 식히다가 내기 전 시원한 곳에 보관한다.

* 레위니옹에서는 땅콩을 "땅의 피스타치오(pistache de terre)"라고 부른다. 레시피에는 실제로 피스타치오가 없는 이유이다.

레위니옹의 봉봉 피망 Bonbons piments de La Réunion

레위니옹에서 봉봉은 달콤한 것이 아니라 향신료 향이 가득한 튀긴 음식이니 속지 마시길! 하지만 너무나 중독적이라 달콤한 과자처럼 쉽게 하나둘 집어먹을 수 있을 것이다. 봉봉 피망은 팔라펠과 닮았는데, 리마빈(Lima bean)과 향신료, 아주 약간의 고추를 주재료로 한다. 도로변의 노점상이나 식당, 시장 등 레위니옹의 거의 모든 곳에서 찾을 수 있다. 내가 레위니옹에 도착하면 처음으로 찾는 장소이기도 하다!

봉봉 피망 12개
준비 : 20분
불리기 : 하룻밤
조리 : 20분

병아리콩 200g(혹은 리마빈)
마늘 1알
통생강 2cm
고추 1~2개(취향에 따라)
쪽파 1개
고수 3줄기
커민 가루 2ts
강황 가루 2ts
고수 가루 1ts
후춧가루 ¼ts
소금 ½ts
튀김용 오일(해바라기유, 땅콩유 등)

샐러드 볼에 병아리콩과 최소 2배합 양의 찬물을 넣어 하룻밤 불린다.

다음 날 병아리콩을 체에 거르고 키친타월로 조심스럽게 말려 믹서기에 갈아 어느 정도 마르고 질감이 있는 퓨레를 만든다.

마늘과 생강의 껍질을 벗기고 곱게 다진다. 고추와 양파, 고수를 잘게 썬다. 모든 재료에 병아리콩 퓨레와 커민 가루, 강황 가루, 고수 가루, 후추와 소금을 섞는다. 이때, 반죽은 쉽게 성형할 수 있을 만큼 부드러워야 한다.

반죽 한 스푼을 덜어서 약간 물기가 있는 양손 사이로 압축하듯 둥글게 굴린다. 가볍게 눌러서, 나무 숟가락의 끝으로 가운데에 구멍을 낸다. 반죽을 손 안에 꼭 붙들어 바스라지지 않도록 한다.

냄비에 8cm 높이의 기름을 채우고 180℃까지 온도를 올린다. 봉봉 피망을 2~3개씩 기름에 넣고 각 면이 노릇해질 때까지 약 4분간 튀긴다. 키친타월에 올려놓고 기름기를 빼준다.

팁과 활용
- 봉봉 피망은 전통적으로 버터빈을 사용해 만든다. 이 레시피에서는 프랑스 본토에서 쉽게 찾을 수 있는 병아리콩으로 조금 바꾸었지만, 여러분이 건조 리마빈을 구할 수 있다면, 진짜 레위니옹 레시피로 만들어 보기를 바란다!
- 봉봉 피망을 성공하기 위한 몇 가지 중요한 추천을 하자면
  - 통(병)조림이 아닌 말린 병아리콩(혹은 리마콩)을 물에 불려 사용하는 것이 가장 중요하다;
  - 봉봉 피망을 튀기기 전 기름의 온도가 180°C에 잘 이르렀는지 주방용 온도계로 확인하고 조리 내내 온도를 맞추는 게 중요하다.
  - 봉봉 피망의 겉이 충분히 딱딱하고 바삭해지도록 충분히 오랫동안 튀긴다. 처음에 하나로만 시작해보는 것도 좋은 방법이다.

망고와 땅콩, 고구마 맛 사모사
Samoussas à la patate douce, à la cacahuète & à la mangue

레위니옹 출신인 나는, 그곳의 아시아와 동양의 영향으로 사모사를 늘 기억하고 있다. 어렸을 때 집에서, 파티에서, 심지어 중국 음식점에서도 그 작은 음식을 늘 먹었다. 하지만 사모사에 대한 내 최고의 추억은 최근에 다녀온 레위니옹 여행에서이다. 사모사는 레위니옹에서 아주 대중적인 음식으로, 나는 물론 땅콩버터가 들어간 것을 가장 좋아한다!

글루텐 프리

사모사 10개
준비 : 30분
조리 : 45분

고구마 300g
양파 1개
마늘 1알
통생강 1스푼
레몬그라스 1개
망고 100g
코코넛 가루 10g
간장 2Ts
땅콩버터 2Ts
강황 가루 1ts
커민 가루 1ts
소금 1꼬집
고수 3줄기
구운 땅콩 20g
춘권피 5장
올리브오일

고구마의 껍질을 벗기고 잘라서 끓는 물에 넣거나 찜기로 약 20분간 쪄서 속이 부드러워질 때까지 익힌다. 물에서 건져내어 포크로 으깨거나 푸드밀로 퓨레를 만든다.

마늘과 양파 껍질을 벗겨 고운 입방체로 썬다. 통생강과 레몬그라스의 껍질을 벗기고 곱게 다진다. 망고 껍질을 벗겨 작은 입방체로 썬다.

팬에 올리브오일 한 스푼을 넣어 달군 뒤 양파를 2분간 볶는다. 이어 마늘과 생강, 레몬그라스를 넣고 2분간 더 조리한다. 고구마 퓨레와 망고, 코코넛, 간장, 땅콩버터, 강황, 커민, 소금을 넣는다. 3분간 더 익힌다. 팬을 불에서 내려 잘게 썬 고수와 굵게 다진 땅콩을 넣는다.

오븐을 180℃(th.6)로 예열하고 오븐 팬에 유산지를 깐다.

춘권피를 반으로 자르고 접어서 길쭉한 띠 모양으로 만든다. 피의 끝부분에 준비된 소를 한 스푼 놓은 다음, 끝부분이 소를 덮도록 하여 여러 번 삼각형 모양으로 접는다. 마지막 부분은 물을 약간 묻혀서 봉한다. 사모사를 오븐 팬에 놓고, 붓으로 올리브오일을 잘 발라준다. 10분간 굽고, 다시 뒤집어서 5분간 더 굽는다. 노릇하고 바삭한 사모사를 양념이나 소스와 함께 낸다.

팁과 활용
사모사는 많은 문화권에서 대중적인 음식이며 여러 가지 양념에 따라 달라진다. 물론 고구마 대신 감자로 대체할 수 있고, 완두콩이나 그린빈, 작은 입방체로 썬 당근 등을 더할 수도 있다. 또한 커리, 오향분, 파프리카, 가람 마살라 같은 다양한 향신료로 변화를 줄 수 있다.

칠리 고구마 엠파나다

Empañadas farcies au chili con patatas

히스패닉 유산이 우리에게 남겨준 또 하나의 작은 보물 요리인 엠파나다는 속을 채운 작고 맛있는 파이같은 빵이다. 이 음식은 16세기 스페인에서 시작됐고, 스페인의 정복 시기에 라틴 아메리카에 빠르게 퍼졌다. 엠파나다의 큰 성공으로, 아르헨티나를 포함한 여러 나라에서 상징적인 음식이 되었다. 채소나 치즈, 고기로 소를 채울 수 있는 만큼 무한대로 응용이 가능하다.

엠파나다 10개
준비 : 40분
휴지 : 30분
조리 : 45분

반죽
T55 밀가루 200g
드라이이스트 4g
소금 ¼ts
마가린 60g
무가당 두유 85㎖

소
고구마 300g
레드 파프리카 50g
적양파 1개
토마토 페이스트 2Ts
간장 2Ts
훈제 파프리카 가루 1ts
칠리파우더 혹은 고춧가루 ¼ts
적강낭콩 통(병)조림 100g
옥수수 통(병)조림 60g
고수 4줄기
올리브오일
소금, 후추

코팅
두유 3Ts
올리브오일 1Ts
메이플시럽 1ts

밀가루와 드라이이스트, 소금을 샐러드 볼에 넣는다. 마가린을 녹인다. 가운데를 우묵하게 만든 다음 두유와 녹인 마가린을 넣는다. 모든 재료가 혼합되도록 섞은 뒤 덧가루를 뿌린 작업대에서 10분간 반죽을 치대어 매끈하고 탄력이 있지만 달라붙지 않을 정도로 반죽을 만든다. 5분이 지날 때 반죽이 너무 달라붙는다면 밀가루를 조금 더한다. 반대로 반죽이 너무 마르고 단단하다면 두유를 한 번에 1티스푼씩 더하며 농도를 조절한다. 공 모양으로 성형하여 랩을 씌운 뒤 30분간 시원한 곳에 둔다.

오븐을 180℃(th.6)로 예열한 뒤, 오븐 팬에 유산지를 깐다. 고구마 껍질을 벗겨 입방체로 썬다. 오븐 팬에 올려 올리브오일을 뿌린 다음 20분간 부드러워질 때까지 익힌다.

파프리카의 씨와 꼭지, 속을 제거하고 입방체로 썬다. 양파는 껍질을 벗겨 가로세로 칼집을 내 아주 작은 입방체로 썬다. 팬에 올리브오일 한 스푼을 넣고 데운 뒤 양파와 파프리카를 넣어 5분간 볶는다. 고구마와 토마토 페이스트, 간장, 파프리카 가루, 칠리파우더를 넣고 간을 한다. 고구마를 주걱으로 으깨어 퓨레처럼 만들면서 혼합물을 섞어준다. 적강낭콩과 옥수수, 잘게 썬 고수를 넣고 섞는다. 미지근해지도록 한 김 식힌다.

오븐의 온도를 200℃(th.6-7)로 올린다. 반죽을 덧가루를 뿌린 작업대에 놓고 두께가 약 2mm 정도 되도록 밀대로 민다. 틀이나 유리 용기를 사용해 지름 10cm 정도 되는 원형으로 자른다. 자투리 반죽도 공처럼 성형해 밀대로 밀어 원형으로 자른다.

동그란 반죽 가운데에 소를 한 큰술 놓고 반을 접어 작은 반원형으로 만든다. 조심스럽게 손가락으로 가장자리를 누르면서 닫은 뒤 포크를 사용해 모양을 낸다. 엠파나다를 유산지를 깐 오븐 팬에 놓는다. 두유와 올리브오일, 메이플시럽을 섞어 코팅물을 만들어 붓으로 엠파나다에 잘 발라준다. 엠파나다가 노릇해질 때까지 20분간 굽는다. 오븐에서 팬을 꺼내 한 번 더 코팅물을 바른다. 먹기 전에 10분간 식힌다.

바삭한 콜리플라워 너겟과 치미추리 소스
Nuggets de chou-fleur croustillants & sauce chimichurri

아르헨티나에서 바비큐는 매주 일요일 친구들 사이에서 이뤄지는 단순한 관례 이상으로 하나의 요리 기술이자 국가를 대표하는 요리이다. 이 놀라운 나라를 여행하는 동안, 고기 굽는 연기를 내뿜으면서 길거리에 길게 늘어선 가판대들을 쉽게 볼 수 있었다. 아주 이른 아침부터 준비가 시작되는데, 그 지역 최고의 *아사도(asado)*를 맛보기 위해서는 줄을 서기도 한다! 치미추리 소스도 그곳에서 알게 된 고추와 허브를 주로 한 신선하고 진한 양념이다. 이 소스는 바삭한 콜리플라워 너겟을 더욱 개성 있게 만든다.

글루텐 프리 옵션

4인 기준
(나눠 먹기)
준비 : 20분
조리 : 25분

콜리플라워 너겟
무가당 비건 요구르트 80g
비건 우유 30㎖
머스터드 1Ts
병아리콩 가루 30g
마늘 분말 1 ts
소금 ¼ts
콘플레이크 35g
콜리플라워 250g(봉오리 부분 약 ½개)
시판용 빵가루 25g(또는 전통 빵가루, 필요시 글루텐 프리)

치미추리 소스
생파슬리 ½단
쪽파 1개
풋고추 작게 1조각
샬롯 ½개
마늘 1알
레몬주스 2Ts
올리브오일 2Ts
발사믹 식초 1Ts
소금, 후추

요구르트 소스
무가당 코코넛 요구르트 60g
메이플시럽 1ts
라임즙과 제스트 ½개 분량
소금 1꼬집

오븐을 200℃(th.6-7)로 예열하고 오븐 팬에 유산지를 깐다.

요구르트, 비건 우유, 머스터드, 병아리콩 가루, 마늘 분말과 소금을 샐러드 볼에 넣고 섞어 알갱이 없이 흐르는 질감의 반죽을 만든다. 콘플레이크는 으깨어 우묵한 그릇에 빵가루와 함께 섞는다.

콜리플라워 봉오리들을 중간 크기로 떼어낸다. 만들어 둔 반죽에 봉오리들을 넣어 전체적으로 반죽을 입히고 빵가루를 입혀 오븐 팬에 놓는다. 바삭하고 노릇해질 때까지 25분간 굽는다.

파슬리와 쪽파, 고추는 씻어서 곱게 다진다. 샬롯과 마늘의 껍질을 벗겨 고운 입방체로 썬다. 치미추리 소스의 모든 재료를 볼에 넣어 섞는다. 맛을 본 뒤 간을 맞춘다. 시원한 곳에 놓아둔다.

작은 볼에 요구르트 소스의 모든 재료를 넣어 섞는다.

콜리플라워 너겟은 조리 직후 플뢰르 드 셀과 페퍼밀로 후추를 뿌려 치미추리 소스, 요구르트 소스와 함께 낸다.

팁과 활용
- 이 레시피는 브로콜리나 로마네스코 브로콜리 혹은 어떤 종류의 콜리플라워로도 만들 수 있다. 다채로운 아페리티프를 위해 보라색과 노란색 콜리플라워를 사용할 수 있다.
- 이 콜리플라워 너겟은 치미추리, 요구르트, 바비큐, 랜치, 마요네즈, 케첩, 아이올리(p.131), 페스토, 후무스 등 모든 소스와 곁들여 먹을 수 있다.

몰레 소스와 잘게 자른 잭프루트를 넣은 알리시아의 타코

Tacos de Alicia, effiloché de fruit du jacquier & sauce mole

타코, 부리토, 화이타, 케사디야, 엔칠라다, 나초… 그저 심플한 둥근 옥수수 전병으로부터 이 모든 것을 만들 수 있다니 놀랍다. 그중 타코는 위대한 토르티야가 반으로 접혀 속 *재료를* 스스로 감싸 안고 있는 모습을 하고 있는데, 보통 손으로 먹는다. 가장 유명한 것은 *타코스 알 파스토르(tacos al pastor)*로, 마리네이드한 돼지고기를 가늘게 찢어 채운 것이다. 그리고 이것은 멕시코 요리에서 중요한 음식이 되었다. 여기서 내가 선보이는 타코는 잭프루트를 얇게 썰어 몰레 소스와 함께 내는 것이다.

글루텐 프리 옵션

작은 타코 6개
준비 : 30분
조리 : 40분

가늘게 찢은 잭프루트
잭프루트 250g
토마토 페이스트 45g
간장 25g
메이플시럽 20g
발사믹 식초 1Ts
파프리카 가루 1ts
고춧가루 ¼ts
후춧가루 1꼬집
올리브오일 1Ts

몰레 소스
양파 ½개
마늘 1알
레드 파프리카 90g
토마토 80g
올리브오일 1Ts
커민 ½ts
칠리파우더 ¼ts
카카오 가루 1Ts
호박씨 30g
토마토 페이스트 10g
레몬즙 1Ts
소금, 후추

구운 옥수수
통옥수수 1개
올리브오일 1Ts
플뢰르 드 셀 1꼬집

가니쉬
미니 토르티야 6개
(필요시 글루텐 프리)
적양배추 ¼개
아보카도 1개
풋고추 1개
고수 작게 한 다발

잭프루트를 얇게 찢는다. 토마토 페이스트, 간장, 메이플시럽, 발사믹 식초, 파프리카, 고춧가루와 후춧가루를 샐러드 볼에 넣어 섞는다. 잘게 찢은 잭프루트를 넣고 섞은 뒤 5분간 마리네이드한다.

프라이팬에 기름을 둘러 달군다. 마리네이드한 잭프루트를 넣고 강한 불에 약 5분간 계속 저어주면서 색을 낸다.

양파와 마늘의 껍질을 벗기고 다진다. 파프리카와 토마토를 입방체로 썬다. 양파를 기름 두른 팬에 2분간 볶다가 마늘과 파프리카, 토마토, 커민, 칠리파우더를 넣는다. 6~8분간 계속 볶는다. 카카오 가루와 호박씨, 토마토 페이스트와 레몬즙을 넣고 간을 한다. 한데 섞어서 2분간 조리한다.

소스의 모든 재료를 갈아서 균일한 질감의 페이스트를 만든다. 맛을 보고 간을 한다. 시원한 곳에 보관한다.

옥수수 껍질을 벗기고 씻어서 끓는 물에 10분간 데친 뒤 체에 거른다. 프라이팬에 기름을 달구어 통옥수수의 각 면을 몇 분간 노랗게 지져 색을 낸다. 소금 간을 한다.

오븐을 180℃(th.6)로 예열한다. 미니 토르티야의 양끝을 잡고 오븐 그릴 사이에 넣어 조개 모양이 되도록 한 다음 6~8분간 타코가 단단하고 살짝 노릇해지도록 굽는다. 한 김 식힌다.

적양배추를 다진다. 아보카도의 과육을 발라 슬라이스한다. 고추와 고수를 다진다. 구운 옥수수의 알만 떼어낸다. 타코 속에 소스와 잭프루트, 옥수수, 적양배추, 아보카도를 넣고 고추와 고수를 흩뿌린다.

김치전과 라즈베리 소스
Pancakes coréens au kimchi & sauce à la framboise

김치전은 한국의 대중적인 음식으로, 김치와 밀가루 반죽으로 만든다. 간식으로 혹은 점심 식사로 밥과 채소, 막걸리, 달콤 짭짤한 소스를 곁들여 먹기도 한다. 김치는 유산균발효 채소로 만든 음식으로, 모든 종류의 요리에 기막힌 맛을 내는 한국의 대표적인 음식이다. 이 독창적인 부침개를 보고 손님들은 깜짝 놀랄 것이고, 틀림없이 여러분의 아페리티프에 이국적인 정취를 선사할 것이다.

글루텐 프리 옵션

큰 부침개 2장
(6인분)
준비 : 20분
조리 : 10분

라즈베리 소스
생 라즈베리 또는 냉동 라즈베리 70g
아몬드 버터 30g
간장 2Ts
발사믹 식초 1Ts
메이플시럽 1ts
생강가루 ¼ ts
고춧가루 1꼬집(선택사항)
소금 1꼬집

부침개
쌀가루 100g
병아리콩 가루 70g
식이 효모 2Ts
강황 가루 ½ts
굵게 다진 고추 ¼ts
검은 소금 1ts
김치 80g
김칫국물 60㎖
쪽파 2개
코코넛 가루 30g
식용유

소스의 모든 재료를 블렌더에 넣고 갈아서 균일한 질감의 혼합물을 만든다. 맛본 뒤 간을 맞춘다. 시원한 곳에 보관한다.

쌀가루, 콩가루, 효모, 강황 가루, 고추, 소금을 커다란 샐러드 볼에 섞는다. 곱게 다진 김치와 김칫국물, 그리고 물 180㎖를 넣어서 알갱이가 없이 고운 입자의 흐르는 반죽이 되도록 섞는다. 잘게 선 쪽파와 코코넛 가루를 혼합한다.

커다란 코팅 팬에 기름을 두 스푼 둘러 달군다. 반죽의 절반을 붓고 팬을 빨리 기울여서 모든 면에 고르게 분배될 수 있도록 한다. 2~3분간 놓아둔 다음 찢어지지 않게 조심하면서 (필요하다면 접시를 사용하라) 뒤집어준다. 약간 노릇하게 될 때까지 다음 쪽도 굽는다. 나머지도 동일한 방식으로 작업한다.

부침개를 조각으로 잘라 얼른 소스와 함께 낸다.

팁과 활용
김치는 발효 채소와 고추를 기본으로 한 한국 전통 음식이다. 채소와 양념의 종류에 따라 여러 종류가 있다. 가장 유명하고 쉽게 찾아볼 수 있는 것은 배추김치다. 배추김치는 아시안 식료품점이나 슈퍼마켓에서도 볼 수 있다. 채소와 향신료, 양념을 소금물에 몇 주간 절이거나, 당근, 배추, 비트 등 여러 종류의 채소를 사용해서 직접 만들 수 있다.

버섯과 김치로 속을 채운 중국식 찐빵, 바오쯔

Baozi : petites brioches à la vapeur farcies aux champignons & au kimchi

바오쯔는 중국에서 너무도 대중적인 주전부리로, 오늘날 스트리트 푸드의 새로운 유행이 되었다. 외관상으로는 특별할 것이 하나도 없는, 속을 채워 쪄낸 작은 찐빵이다. 하지만 첫 번째 한 입을 베어 물면 이 바오쯔 돌풍을 이해할 수 있다. 놀라울 정도로 가볍고 부드러운 반죽은 마치 작은 구름을 베어먹는 것 같다. 이어 부드럽고 촉촉하며 향기로운 속 재료가 입안을 감싼다. 김치와 버섯으로 채운 이 새로운 방식의 바오쯔도 분명 여러분의 마음에 들 것이다.

바오쯔 8개
준비 : 30분
휴지 : 2시간
조리 : 40분

반죽
생이스트
(혹은 드라이이스트 4g) 10g
설탕 10g
T55 밀가루 250g
소금 ½ts
올리브오일 1Ts

속 재료
건목이버섯 20g
캐슈너트 60g
김치 60g
브라운 양송이버섯 150g
마늘 1알
통생강 5g
파슬리 4줄기
올리브오일 1Ts
오향분 ½ts
간장 3Ts
메이플시럽 1Ts
참깨 2Ts
플뢰르 드 셀 1꼬집

이스트와 설탕을 미지근한 물 150㎖에 풀어서 이스트가 활성화되도록 5분간 놔둔 뒤 잘 섞어 녹인다.

밀가루, 소금, 이스트 설탕 혼합물, 올리브오일을 믹싱볼이나 큰 샐러드 볼에 넣는다. 반죽이 붙지 않고 매끈하면서 탄력이 있도록 후크를 장착한 반죽기를 사용하여 혹은 덧가루를 뿌린 작업대에서 손으로 10~12분간 반죽한다. 동그란 공 모양으로 만든 다음 기름칠한 샐러드 볼에 넣는다. 천으로 덮고 따뜻한 곳에서 반죽이 부풀도록 약 1시간 30분 정도, 혹은 반죽의 부피가 두 배가 될 때까지 발효시킨다.

목이버섯은 따뜻한 물에 불린다. 캐슈너트와 김치를 믹서기에 넣고 페이스트가 되도록 간다. 양송이버섯은 곱게 다진다. 마늘과 생강의 껍질을 벗겨 다진다. 파슬리는 잘게 썬다. 낮은 냄비에 기름을 넣고 달궈 버섯을 5분간 가볍게 볶는다. 마늘과 생강, 오향분을 더해 2분간 더 볶는다. 물기를 제거한 목이버섯과 캐슈너트-김치 페이스트를 더한다. 간장, 메이플시럽, 파슬리, 참깨와 플뢰르 드 셀을 혼합한다. 충분히 되직한 속 재료가 되도록 섞는다. 시원한 곳에 보관한다.

유산지를 10*10 cm 크기의 정사각형으로 자른다. 반죽을 주먹으로 눌러 가스를 제거한 뒤, 각각 50g 정도의 무게로 반죽을 8등분한다. 공 모양으로 만들어 지름 10cm 정도의 원형으로 납작하게 민다. 그 위에 속재료를 한 큰술 떠서 가운데에 올리고 가장자리를 위쪽으로 접어 닫아서 복주머니 모양을 만든다. 반죽 끝을 손가락으로 잘 집어 바오쯔를 밀봉한다. 정사각형으로 자른 종이 위에 바오쯔를 놓고, 천을 덮어 30~40분 휴지시킨다.

냄비에 물을 끓이고 그 위에 찜기를 놓는다. 물이 끓으면 바오쯔를 종이와 함께 찜기에 놓되 서로 닿지 않도록, 찜기의 크기에 따라 2~3개씩 놓는다. 뚜껑을 덮고 10~12분간 찐다. 조리 중반쯤 뚜껑을 열어서 김을 조금 빼고 빵이 더 잘 부풀도록 한다. 맛보기 전 한 김 식힌다.

간식

EN-CAS

헤이즐넛과 브레첼을 넣은 부드러운 캐러멜 쿠키

Cookies moelleux au caramel, bretzels & noisettes

부드럽고, 사르르 녹고, 오도독 씹히고, 속이 꽉 차 있고, 바스락거리고, 바삭하고, 노릇하거나 아니면 거의 날것으로… 지구상에 존재하는 미식가만큼이나 쿠키를 즐기는 방법도 다양하다. 하지만 확실한 것 한 가지는, 모든 사람이 쿠키라면 사족을 못 쓸 정도다! 미국의 가장 순수한 전통인 초코칩 쿠키 레시피에 만족할 수도 있지만, 헤이즐넛과 브레첼, 캐러멜이 들어간 이 두툼하고 부드러운 쿠키 옆을 그냥 지나치면 너무나 아쉬울 것이다. 그리고 역시 놀라울만큼 중독성이 강하다!

쿠키 14개
준비 : 15분
휴지 : 3시간 30분
조리 : 12~14분

T55 밀가루 310g
아몬드 가루 110g
베이킹파우더 8g
소금 1꼬집
마가린 150g
머스코바도 설탕 75g
코코넛 설탕 35g
사과 콤포트 180g
바닐라 엑스트렉트 1ts
캐러멜 초콜릿 100g
헤이즐넛 80g
미니 브레첼 30g

밀가루와 아몬드 가루, 베이킹파우더와 소금을 샐러드 볼에 섞는다.

상온에 두어 말랑해진 마가린과 머스코바도 설탕, 코코넛 설탕을 샐러드 볼에 넣어 휘퍼로 저어 크림 형태로 만든다. 사과 콤포트와 바닐라 엑스트렉트를 넣고 섞는다. 혼합물을 가루 재료 위에 부어서 반죽이 되직하고 약간 들러붙게, 그리고 완전히 일체가 되도록 짧게 섞는다. 캐러멜 초콜릿과 통 헤이즐넛, 브레첼을 혼합하여 섞는다. 차가운 곳에 30분간 보관한다.

숟가락이나 아이스크림 스쿱으로 반죽을 크게 한 숟가락 떠서 유산지가 깔린 오븐 팬 위에 놓는다. 쿠키는 잘 퍼지지 않기 때문에 반죽의 간격을 너무 띄울 필요는 없다. 3시간 냉동보관 혹은 하룻밤 냉장고에서 휴지시킨다(시간이 없을 땐 냉장고에서 30분 보관하는 것도 충분하다).

오븐을 180℃(th. 6)로 예열하고 쿠키의 가장자리가 조금 노릇해질 때까지 12~14분간 굽는다. 오븐 팬에서 20분간 식히고 그릴 망에 옮겨 놓는다.

팁과 활용
완벽한 쿠키를 굽기 위해 몇 가지 조언하자면,
- 쿠키가 질겨지게 만드는 글루텐 형성을 억제하기 위해 반죽을 너무 치대지 않는다.
- 조리 전 쿠키 반죽을 시원한 곳에 놓아두면 마가린이 굳어지고 풍미가 강해질 것이다. 또한 가장자리는 꽤 바삭하지만 속은 부드러울 것이다.
- 쿠키를 너무 오래 굽지 않고 약간 말랑할 때 오븐에서 꺼내는 것이 이상적이다.

검은깨를 넣은 레몬 마블 머핀
Muffins marbrés au citron & au sésame noir

머핀은 마치 나누어 먹을 필요가 없는 작은 케이크 같은 것이다. 하루 중 언제라도 스스로에게 안겨주는 작은 행복과 위안의 한 입이다. 모든 쿠키나 브라우니가 그러하듯 머핀도 미국에서 시작해 오늘날 전 세계 사람들이 즐기는 과자가 되었다. 적당한 크기와 부드러움, 그리고 달콤함을 가진 머핀의 유혹을 뿌리치긴 힘들다. 고전적인 레몬과 퍼피 씨드의 조합에서 조금 벗어나, 글루텐 프리의 검은깨 레몬 머핀을 소개한다.

글루텐 프리

머핀 6개
준비 : 20분
휴지 : 5분
조리 : 20분

머핀
무가당 두유 100㎖
레몬즙 30㎖
쌀가루 120g
옥수숫가루 20g
아몬드 가루 40g
사탕수수 설탕 50g
베이킹파우더 8g
카다멈 가루 ½ts
소금 1꼬집
사과 콤포트 70g
식용유(포도씨유, 땅콩유) 20g
작은 레몬 제스트 1개분
검은깨 퓨레 30g
검은깨 10g

아이싱
검은깨 퓨레 45g
레몬즙 1Ts
메이플시럽 1Ts
검은깨 조금
레몬 제스트

오븐을 180℃(th.6)로 예열하고 머핀 틀에 기름칠을 하거나, 기름과 유산지를 사용해 틀에 맞게 고정한다. 두유와 레몬즙을 볼에 넣어 섞고 5분간 놓아둔다.

쌀가루와 옥수숫가루, 아몬드 가루, 설탕, 베이킹파우더, 카다멈과 소금을 샐러드 볼에 넣는다. 두유와 레몬즙 혼합물, 사과 콤포트, 오일과 레몬 제스트를 넣어 균일한 입자로 된 반죽을 만든다. 반죽의 1/3(약 150g)가량을 덜어내어 검은깨 퓨레와 검은깨를 섞는다.

흰 반죽을 틀에 분배하여 넣고 그 위에 검은깨 반죽을 가운데에 놓는다. 검은 반죽이 흘러내려 흰 반죽을 모두 덮도록 한 뒤 20분간 오븐에서 굽는다. 칼끝으로 머핀 가운데를 찔러 익힘 정도를 확인하는데, 이때 내용물이 묻어나오지 않아야 한다. 틀에서 꺼내기 전 몇 분간 식히고, 오븐 팬에 머핀을 옮긴다. 검은깨 퓨레와 레몬즙, 메이플시럽을 볼에 넣어 섞어 아이싱을 만든다. 식은 머핀 위에 아이싱을 코팅하고, 검은깨와 레몬 제스트를 흩뿌린다.

팁과 활용
후무스처럼 지중해 요리에서 다양하게 사용되는 참깨 퓨레에 비해 덜 알려진 검은깨 퓨레는 여러분의 요리에 첨가물 없이 자연 그대로의 색깔과 풍미를 가져다줄 것이다.

초코칩과 땅콩버터가 들어간 최고의 바나나 브레드

Le meilleur banana bread au beurre de cacahuète & aux pépites de chocolat

내가 사랑하는 간식을 꼽으라면, 그건 바로 바나나 브레드다! 당황스러울 정도로 단순하지만 너무나도 부드럽고 향기로운 바나나 브레드는 1930년대에 미국을 관통했던 경제 공황 시기에 지나치게 익은 바나나를 처리하고 낭비를 막기 위해 탄생했다. 성공적인 선택이었던 것이, 이제 바나나 브레드는 전 세계서 즐겨 먹을 정도로 대중적인 간식이 되었다. 내가 방문했던 나라들 중 바나나 브레드 한 조각을 맛볼 수 없는 나라는 없었다. 이제 여러분과 함께 내가 늘 간직해 온 땅콩버터가 들어간 레시피를 나누고자 한다.

글루텐 프리

큰 케이크 1개(10조각 정도)
준비 : 15분
조리 : 1시간
휴지 : 1시간 30분

코코넛 오일 45g
아몬드유 125㎖
사과식초 1Ts
많이 익은 바나나 3개+적당히 익은 바나나 1개
땅콩버터 50g
메이플시럽 35g
바닐라 엑스트렉트 1ts
오트밀 가루 100g
현미 가루 70g
아몬드 가루 70g
코코넛 설탕 (혹은 사탕수수 설탕) 30g
베이킹파우더 11g
시나몬 가루 1ts
소금 ¼ts
초콜릿 칩 80g + 데커레이션용 조금

오븐을 180℃(th.6)로 예열한다. 25 x 11cm 크기의 틀에 기름칠을 하고 바닥과 옆면에 유산지를 덧댄다. 코코넛 오일을 녹인다.

아몬드유와 식초를 샐러드 볼에 넣고 5분간 놓아둔다.

푹 익은 바나나의 껍질을 벗겨 포크를 사용해 대강 으깨어 퓨레처럼 만든다. 녹인 코코넛 오일과 땅콩버터, 메이플시럽과 바닐라 엑스트렉트를 넣고 섞는다. 아몬드유와 식초 혼합물을 더하여 다시 섞는다.

초콜릿 칩을 제외한 나머지 재료를 모두 섞어 반죽에 넣는다. 주걱으로 잘 혼합하되 질감을 남기기 위해 너무 강하게 섞지 않는다. 반죽에 초콜릿 칩을 넣어 섞은 뒤 틀에 붓고 주걱을 사용해 표면을 매끈하게 만든다.

적당히 익은 바나나의 껍질을 벗겨 슬라이스하고 반죽 위에 올린다. 남은 초콜릿 칩을 케이크 위에 뿌린 뒤 1시간 동안 오븐에서 굽는다. 칼끝으로 케이크 가운데를 찔러 익힘 정도를 확인하는데, 이때 내용물이 묻어나오지 않아야 한다. 굽는 중 위가 너무 빨리 탄다면 알루미늄 호일을 덮어서 조리한다. 틀에서 꺼내기 전 최소 30분 이상, 조각으로 자르기 전에는 최소 1시간 식힌다.

팁과 활용
바나나의 달콤한 맛을 주고 또 반죽이 잘 섞이도록 아주 많이 후숙된 바나나를 사용한다. 껍질에 큰 갈색 반점들이 생기고 충분히 노란빛이며 만졌을 때 부드러운 정도가 가장 이상적으로 숙성된 것이다.

딸기와 버베나로 맛을 낸
트로페지엔 스타일의 프로방스 브리오슈
Brioche provençale façon tropézienne à la verveine & aux fraises

_퐁프 아 륄(pompe a l'huile)_*은 프로방스 지방에서 먹는 전형적인 둥근 모양의 브리오슈로, 버터 대신 올리브오일을 사용해 만든다. 트로페지엔 타르트의 모습을 한 이 케이크는 부드러운 브리오슈에 버베나로 향을 낸 크림과 딸기를 채워 지중해의 풍미를 멋지게 구현하고 있다.

6~8인분
준비 : 45분
조리 : 30분
휴지 : 3시간

프로방스풍 브리오슈
생이스트 6g
T55 밀가루 150g
황설탕 20g
소금 2g
올리브오일 15g
레몬 제스트 ½개 분량

코팅
아가베 시럽 1Ts
두유 5Ts
우박 설탕(펄슈거) 20g

디플로마트 크림
되직한 코코넛 크림 200g
무가당 두유 250㎖
버베나 잎 10장
설탕 50g
옥수수 전분 30g
아가르 아가르(한천) 2g
슈거파우더 1Ts

가니쉬
딸기 200g

생이스트를 80㎖의 미지근한 물에 잘게 부수어 넣은 뒤 활성화되도록 5분간 놓아둔다. 밀가루, 설탕, 소금을 믹싱볼이나 큰 샐러드 볼에 넣는다. 가운데를 우묵하게 만든 다음 올리브오일과 이스트 혼합물, 레몬 제스트를 넣는다. 반죽이 붙지 않고 매끈하면서 탄력이 있도록 후크를 장착한 반죽기를 사용하여 혹은 덧가루를 뿌린 손으로 8~10분간 반죽한다. 필요한 경우 밀가루를 더 넣어서 계속 반죽한다. 둥근 공 모양으로 만들어 기름칠한 샐러드 볼에 넣는다. 천으로 덮고 따뜻한 곳에서 반죽이 부풀도록 약 1시간 30분 정도, 혹은 반죽의 부피가 두 배가 될 때까지 발효시킨다.

분리가 가능한 지름 18센티 정도의 둥근 분리형 틀에 기름칠을 한다. 반죽의 위를 주먹으로 누르면서 가스를 제거한다. 공 모양으로 성형하여 틀에 놓는다. 40분간 더 발효한다.

오븐을 175℃(th.5-6)로 예열한다. 아가베 시럽과 두유를 작은 볼에 섞는다. 코팅물을 바른 다음 펄슈거를 뿌려 오븐에서 25분간 굽는다. 틀을 벗기기 전 식힌다.

소스 팬에 두유와 버베나 잎을 넣고 약한 불에서 15분간 끓인 다음, 잎을 건져낸다. 다른 볼에 설탕, 옥수수 전분, 아가르 아가르를 넣는다. 뜨거운 버베나 두유를 조금 넣어 녹인 다음 그 혼합물을 다시 두유에 섞는다. 두유가 끓기 시작하면 휘퍼로 계속 저어주면서 되직해질 때까지 3분간 끓인다. 표면에 밀착 랩핑하여 상온에서 식힌다.

차가운 코코넛 크림과 슈거파우더를 반죽기에 넣어 휘핑한다. 처음에는 중간 속도로 시작하여 크림이 단단해질 때까지 점점 속도를 높인다.

휘퍼로 식은 파티시에 크림을 강하게 저어 크리미한 상태로 만든다. 휘핑한 코코넛 크림 1/3을 넣어 다시 휘퍼로 부드럽게 만들고, 나머지 크림은 실리콘 주걱을 사용해 혼합한다. 준비된 크림을 짤주머니에 넣어 1시간 동안 시원한 곳에 보관한다.

서빙할 때 빵칼로 브리오슈의 윗부분을 2/3 사이즈로 두툼하게 썬다. 딸기를 씻어서 4등분한다. 딸기를 브리오슈에 올리고 사이에 디플로마트 크림을 채운 뒤 잘라낸 윗부분을 덮는다.

* 올리브오일과 오렌지로 향을 낸
두툼한 브리오슈

화이트 초콜릿, 피스타치오와 라즈베리를 넣은 폭신한 블론디
Blondie ultrafondant aux framboises, aux pistaches & au chocolat blanc

본래 클래식한 초콜릿 브라우니 레시피를 쓸 계획이었지만, 한 지인이 이 책에 이미 초콜릿이 많다는 걸 알려 주었다. 그런 이유로 이 놀라운 라즈베리, 피스타치오, 화이트초콜릿 블론디를 소개하게 되었다. 기막히게 부드럽고, 달콤하며, 쉽고 빠르게 만들 수 있는 이 화려한 케이크는 사실 초콜릿으로 된 유명한 이웃사촌 부럽지 않다. 자, 여러분은 브라우니와 블론디 중 어느 쪽인가?

글루텐 프리

9조각
준비 : 15분
조리 : 30분
휴지 : 1시간

익힌 병아리콩 200g
아몬드 가루 50g
코코넛 설탕 40g
베이킹파우더 8g
소금 1꼬집
아몬드 퓨레 200g
메이플시럽 100g
바닐라 엑스트렉트 1ts
화이트초콜릿 70g
피스타치오 40g
라즈베리 생과 50g

오븐을 180℃(th.6)로 예열한다. 20cm 크기 정도의 정사각형 틀에 기름칠을 하고 바닥과 옆면에 유산지를 덧댄다.

익힌 병아리콩을 씻어 물기를 제거한다. 순서대로 병아리콩, 아몬드 가루, 코코넛 설탕, 베이킹파우더, 소금, 아몬드 퓨레, 메이플시럽, 바닐라 엑스트렉트를 블렌더나 믹서에 넣는다. 되직하고 균일한 반죽이 되도록 갈아준다. 준비된 반죽을 샐러드 볼에 넣고 조각낸 화이트초콜릿과 피스타치오를 더해 손으로 잘 섞는다.

반죽을 균일한 두께로 부은 뒤 주걱을 사용해 표면을 매끈하게 한다. 라즈베리를 아주 살짝 누르면서 위에 올리고 오븐에 25~30분간 굽는다. 칼끝으로 익힘 정도를 확인한다. 블론디의 표면이 노릇하되 속은 아직 부드럽고 폭신해야 한다. 필요한 경우, 조리 중간 블론디에 알루미늄 호일을 씌워 표면의 화이트초콜릿이 타지 않도록 한다. 틀에 최소 1시간 정도 식히고 조심스럽게 틀에서 꺼낸다.

팁과 활용
- 병아리콩은 흰강낭콩으로 대체할 수 있다.
- 라즈베리 생과를 사용하는 것이 중요하다. 냉동 라즈베리는 조리 중 물기가 너무 많이 생기고, 반죽을 묽게 할 수 있다.
- 이 블론디는 같은 달콤한 버전이지만 다양한 풍미로 변형이 가능하다. 내가 좋아하는 몇 가지 조합은
    - 다크초콜릿과 땅콩버터
    - 피스타치오와 신선한 살구
    - 다크초콜릿과 피칸
    - 체리, 다크초콜릿과 아몬드다.

홈메이드 사과 버터로 속을 채운 베녜*와 캐러멜 소스
Beignets fourrés au beurre de pomme maison & sauce au caramel

"슈슈, 베녜, 부아송 프레슈!"(땅콩, 도넛, 시원한 음료 있어요!) 바로 여러분을 뜨거운 모래 위로 잠시 옮겨온 순간이다. 다만 여기서는 사과 콤포트 대신 직접 만든 녹진하고 약간 새콤한 사과 버터를 사용했다. 여기에 아주 달콤한 캐러멜 소스를 더하면 사시사철 도넛을 맛볼 수 있다.**

도넛 12개
준비 : 30분
조리 : 1시간 30분
휴지 : 2시간 25분

베녜 반죽
비건 우유 145㎖
황설탕 20g
생이스트 10g
코코넛 오일 70g
T55 밀가루 250g
소금 4g

사과 버터
사과 600g
사과식초 30㎖
코코넛 설탕 30g
시나몬 가루 1ts
소금 1꼬집
아몬드 퓨레 30g
바닐라 엑스트렉트 1ts

코팅
아가베 시럽 1Ts
두유 5Ts

캐러멜 소스
아몬드 퓨레 20g
메이플시럽 15g
비건 우유 20㎖
바닐라 엑스트렉트 1ts

미지근한 비건 우유와 설탕을 섞는다. 생이스트를 잘게 부수어 넣고 3분간 놔두었다가 잘 섞어 녹인다. 코코넛 오일을 녹인다.

밀가루, 소금을 믹싱볼이나 큰 샐러드 볼에 넣는다. 가운데를 우묵하게 만든 다음 녹인 코코넛 오일과 이스트 혼합물을 넣는다. 반죽이 붙지 않고 매끈하면서 탄력이 있도록 후크를 장착한 반죽기를 사용하여 혹은 덧가루를 뿌린 작업대에서 손으로 8~10분간 반죽한다. 필요시 밀가루를 더하여 반죽한다. 공 모양으로 만든 뒤 기름칠한 샐러드 볼에 넣는다. 천으로 덮고 따뜻한 곳에서 반죽이 부풀도록 약 1시간 30분 정도, 혹은 반죽의 부피가 두 배가 될 때까지 발효시킨다.

사과의 껍질을 벗기고 과육을 입방체 모양으로 썬다. 냄비에 사과를 넣고 식초, 설탕, 시나몬 가루, 소금을 넣는다. 약불에서 40분간 간간이 섞어주며 익힌다. 그런 다음 믹서에 넣고 갈아 아주 매끈한 퓨레로 만든다. 퓨레를 다시 냄비에 넣어 20~25분간 일정하게 저어주면서 익힌다. 퓨레가 되직해지면 불에서 내려 아몬드 퓨레와 바닐라 엑스트렉트를 넣는다. 식혀서 짤주머니에 넣고 시원한 곳에서 1시간 보관한다.

반죽을 약 40g씩 12개로 나눈다. 공 모양으로 성형한 뒤 유산지를 씌운 오븐 팬에 놓는다. 천을 덮고 따뜻한 곳에서 반죽이 부풀도록 40분 정도 발효시킨다.

오븐을 180℃(th.6)로 예열한다. 아가베 시럽과 두유를 작은 볼에 넣고 베녜에 코팅물을 조심스레 바른 다음 노릇해질 때까지 12~14분간 굽는다. 15분간 식힌다.

캐러멜 소스의 모든 재료를 볼에 넣어 섞는다. 칼끝을 사용해 각 베녜의 옆에 작은 구멍을 만들어 짤주머니의 끝부분을 넣고 조심스레 사과 버터를 채워 넣는다. 이때 너무 많이 채우지 않게 주의한다. 먹기 전 캐러멜 소스를 뿌린다.

* 프랑스식 튀긴 도넛
** 프랑스의 여름 해변 노점상에서 호객하는 말

프룬을 넣은 크리미 플랑 파티시에와 솔티 캐러멜 소스
Flan pâtissier crémeux aux pruneaux & caramel salé

플랑은 세계 곳곳에서 다양한 형태로 찾을 수 있는 디저트다. 중국에도 있고, 영국에는 *커스터드 타르트*, 포르투갈에는 유명한 에그 타르트인 *파스텔 드 나타(pastels de nata)*, 프랑스에는 바로 그 유명한 플랑 파티시에가 있다! 여기서는 메밀이 들어가 글루텐이 없고, 프룬을 넣어 파 브르통(Far Breton)*과 피칸 파이 중간 정도의 독창적인 플랑을 소개한다.

글루텐 프리

6인분
준비 : 40분
조리 : 1시간 10분
휴지 : 3시간

플랑 반죽
코코넛 오일 40g
메밀 가루 100g
아몬드 가루 80g
코코넛 설탕 35g
시나몬 가루 1ts
소금 ¼ts
무가당 아몬드유 50㎖

플랑 충전물
연두부 400g
백아몬드 퓨레 90g
아가베 시럽
(혹은 메이플시럽) 50g
럼 1~2Ts(선택사항)
소금 1꼬집

솔티 캐러멜
코코넛 우유 100g
코코넛 설탕 20g
플뢰르 드 셀 1꼬집
코코넛 오일 1ts

가니쉬
씨를 뺀 프룬 130g
피칸 40g

오븐을 180℃(th.6)로 예열한다. 약 18cm 지름의 둥근 분리형 틀에 기름칠을 하고 바닥과 옆면에 유산지를 덧댄다. 코코넛 오일을 녹인다.

메밀 가루와 아몬드 가루, 설탕, 시나몬 가루, 소금을 샐러드 볼에 넣는다. 코코넛 오일과 아몬드유를 넣고 균일한 질감의 반죽을 만든다. 약간 건조하고 바스러지는 상태여야 하지만 엄지와 검지손가락으로 반죽을 눌렀을 때 부서지지 않아야 한다. 너무 마른 상태라면 아몬드유를 조금 더한다. 틀 안쪽에 반죽을 깔되 가장자리는 약 3cm 높이로 한다. 반죽이 조금 색이 날 때까지 10분간 구운 뒤 식힌다.

플랑 충전물에 필요한 모든 재료를 믹서나 블렌더에 갈아서 매끄럽고 진한 크림으로 만든다. 맛을 본 다음 아가베 시럽과 럼의 양을 조절한다.

반죽 시트 밑부분에 프룬을 골고루 깔고 플랑 충전물을 그 위에 붓는다. 작업대 위에서 틀을 조심스레 내려쳐서 기포를 빼고 표면을 매끈하게 하여 30분간 굽는다. 알루미늄 포일로 덮어서 15~20분간 더 굽는다. 손가락으로 플랑 윗부분을 가볍게 쳐서 익힘 정도를 확인한다. 이때 표면 색이 진해지고 가장자리가 마른 상태이며 중간이 액체 상태는 아니지만 여전히 흔들리면 다 익은 것이며, 이는 식으면서 굳어질 것이다. 냉장고에 넣기 전에 아무것도 덮지 않고 최소 3시간 혹은 이상적으로는 하룻밤 상온에서 식힌다.

코코넛 우유와 코코넛 설탕, 소금을 소스 팬에 넣는다. 끓어오르면 중불에서 뭉근히 15분간 끓여서 혼합물이 갈색이 되고 되직해질 때까지 계속 저어주며 졸인다. 완성된 솔티 캐러멜 소스를 시원한 곳에 보관한다.

피칸은 170℃(th.5-6)로 예열된 오븐에서 10~12분간 굽는다. 서빙하기 전 조심스럽게 플랑을 틀에서 꺼내고 캐러멜 소스를 끼얹은 뒤 피칸을 흩뿌린다.

* 프룬을 넣어 만드는 플랑의 일종으로, 따뜻하게 또는 차게 먹는다.

오렌지 블로섬 워터와 아몬드, 초콜릿을 넣은 폭신한 밥카

Babka moelleuse au chocolat, aux amandes & à la fleur d'oranger

밥카는 최근 몇 년간 눈에 띄게 주목을 받아왔다. 하지만 이 동유럽 쪽 전통 브리오슈는 어제오늘 등장한 것이 아니라, 몇 세기에 걸쳐 먹어온 것이다! 게다가 '할머니'를 의미하는 그 이름은 큰 행사 때 밥카를 만들던 여성들의 주름진 치마 모습을 빗댄 말이다. 오늘날에는 무엇보다도 초콜릿을 채워 땋은 브리오슈 모양으로 잘 알려져 있다.

6~8인분
준비 : 45분
조리 : 50분
불리기 : 20분
휴지 : 2시간 30분

브리오슈 반죽
비건 우유 200㎖
생이스트 20g(드라이이스트 7g)
T55 밀가루 350g
코코넛 설탕 60g
시나몬 가루 1ts
소금 2g
올리브오일 65g
오렌지 블로섬 워터 2Ts
오렌지 제스트 ½개분

충전물
씨가 있는 대추야자 200g
카카오 가루 10g
플뢰르 드 셀 1꼬집
다크 초코칩 50g
아몬드 40g

코팅
메이플시럽 1Ts
두유 5Ts

생이스트를 미지근한 우유에 잘게 부수어 넣고, 5분간 활성화되도록 놓아둔 다음 잘 섞는다.

밀가루, 설탕, 시나몬 가루, 소금을 믹싱볼이나 큰 샐러드 볼에 넣는다. 가운데를 우묵하게 만든 다음 올리브오일과 이스트 혼합물, 오렌지 블로섬 워터, 오렌지 제스트를 넣는다. 반죽이 붙지 않고 매끈하면서 탄력이 있도록 후크를 장착한 반죽기를 사용하여 혹은 덧가루를 뿌린 작업대에서 손으로 8~10분간 반죽한다. 필요시 밀가루를 더하여 계속 반죽한다. 기름칠한 샐러드 볼에 넣는다. 천으로 덮고 따뜻한 곳에서 반죽이 부풀도록 약 1시간 30분 정도, 혹은 반죽의 부피가 두 배가 될 때까지 발효시킨다.

대추야자를 따뜻한 물에 20분간 불려 부드럽게 만든다. 물기를 제거하고 씨를 제거한 뒤 과육을 굵게 다진다. 대추야자, 카카오 가루, 소금을 60㎖의 물과 함께 믹서기에 최대 출력으로 갈아 완전히 혼합된 페이스트를 만든다.

25 x 11cm 사이즈의 케이크 틀에 기름칠을 하고 바닥과 옆면에 유산지를 덧댄다.

반죽을 밀가루 뿌린 작업대에 올리고 가로 세로 35 x 25cm 크기의 직사각형 모양으로 납작하게 민다. 반죽의 길이가 짧은 쪽이 틀의 긴 쪽과 엇비슷해야 한다. 주걱으로 카카오 페이스트를 반죽 표면에 골고루 바른다. 아몬드와 초코칩을 흩뿌린 다음 가로 방향에서 시작해 단단히 고정시키며 돌돌 말아준다. 반죽을 길게 2등분으로 가른다. 속이 잘린 쪽이 위로 오도록 가지런히 놓는다. 끝부분을 붙인 다음 서로 위를 지나가게 해서 반죽을 땋아준다. 밥카를 조심스레 틀 크기에 맞춰 넣는다. 천을 덮고 40분간 발효시킨다.

오븐을 170℃(th.5-6)로 예열한다. 메이플시럽과 두유를 작은 볼에 섞어 코팅물을 만든다. 밥카 위에 조심스레 코팅물을 바르고 50~60분간 노릇하게 굽는다. 너무 색이 금방 나면 조리 중간에 알루미늄 포일을 씌운다. 오븐에서 나온 직후 코팅물을 한 번 더 발라 20분간 틀 안에 놓아두고 틀에서 꺼낸 뒤엔 그릴 망으로 옮겨 식힌다.

알파호레스, 아르헨티나의 초코파이

Alfajores au dulce de leche de coco

나는 아르헨티나의 길들여지지 않은 광활한 대지와 파타고니아의 놀라운 빙하, 해변가에서 보았던 고래들의 마법 같은 광경 그리고 알파호레스를 늘 기억할 것이다. 우유 잼을 채워 초콜릿으로 코팅하거나, 코코넛 가루에 굴린 것, 혹은 그 두 가지를 모두 입힌 이 작은 파이는 남아메리카를 방문할 때 꼭 먹어봐야 할 과자다. 간식부터 디저트까지, 어떤 경우에도 먹기 좋다. 심지어 여행 중 내 생일 케이크로 직접 알파호레스를 만들었다!

글루텐 프리

알파호레스 8개
준비 : 20분
조리 : 45분
휴지 : 1시간

둘세 데 레체* 잼
되직한 코코넛 크림 200g
코코넛 설탕 60g
바닐라 엑스트렉트 1ts
플뢰르 드 셀 ½ts

비스킷
코코넛 오일 45g
오트밀 가루 50g
쌀가루 50g
아몬드 가루 75g
베이킹파우더 5g
소금 1꼬집
코코넛 설탕 25g
메이플시럽 50g

초콜릿 코팅
디저트용 다크초콜릿 100g
코코넛 오일 1Ts

둘세 데 레체 잼의 모든 재료를 냄비에 넣는다. 액체가 끓어오르면 중불에서 30분간 뭉근히 끓이며 졸인다. 이때 부피가 절반으로 줄어들고 캐러멜처럼 진득하게 변한다. 냄비 밑부분이 타지 않도록 계속 섞는다. 작업하기 쉽게 굳을 수 있도록 볼에 옮겨 1시간 정도 시원한 곳에 보관한다.

오븐을 175℃(th.5-6)로 예열하고 오븐 팬에 유산지를 깐다. 코코넛 오일을 녹인다.

오트밀 가루와 쌀가루, 아몬드 가루, 베이킹파우더와 소금을 샐러드 볼에 넣어 섞는다. 코코넛 설탕과 메이플시럽, 코코넛 오일은 다른 그릇에 담아 섞는다. 액체 혼합물을 가루 재료가 있던 샐러드 볼에 부어서 약간 푸석하지만 균일한 질감의 반죽을 만든다. 비스킷을 성형할 때 부서지지 않게 충분히 단단해야 한다. 너무 수분이 없다면 코코넛 오일이나 메이플시럽을 추가한다.

반죽을 공 모양으로 만들어 유산지 두 장 사이에 넣고 5mm 정도의 두께로 얇게 민다. 틀을 사용해 지름 5cm 정도의 원형으로 자른다. 오븐 팬 위에 원형 반죽을 평평한 상태로 조심스레 놓는다. 남은 반죽을 또 공 모양으로 만들어 나머지 비스킷 성형을 반복한다. 오븐에서 12~14분간 노릇하게 굽는다. 비스킷이 건조되어 단단해지도록 팬 위에서 식힌다.

초콜릿과 코코넛 오일을 함께 중탕하거나 전자레인지를 사용해 녹인다.

둘세 데 레체 잼을 작은 술 떠서 두 비스킷 사이에 넣고 가볍게 눌러 캐러멜이 골고루 들어차도록 붙인다. 녹은 초콜릿에 숟가락으로 알파호레스를 담가 골고루 코팅한다. 그릴 망으로 옮겨 초콜릿이 굳도록 상온에 놓아둔다.

* 우유를 캐러멜 상태로 만든 라틴 아메리카의 잼

크리미 초콜릿 후무스와 크리스피 비스킷

Houmous crémeux au chocolat & biscuits croquants à tremper

아페리티프로 먹는 후무스를 알고 있었다면, 이번에는 간식용 후무스를 소개한다. 스프레드와 쿠키 도우 중간 정도 되는 이 크리미한 병아리콩 후무스는 맛과 영양을 담은 건강 간식이다. 바삭하면서도 맛있는 헤이즐넛 비스킷이나 계절과일에 찍어 먹거나, 혹은 빵에 발라 먹어도 되고, 요구르트와 그래놀라와 함께 곁들여도 좋다. 아니면 바로 그냥 숟가락으로 떠먹어도 좋다!

글루텐 프리

4인분
준비 : 25분
휴지 : 1시간
조리 : 10~12분

후무스
익힌 병아리콩 150g
카카오 가루 15g
메이플시럽 40g
참깨 퓨레 30g
바닐라 엑스트렉트 1ts
소금 1꼬집
비건 우유 30㎖

디핑용 비스킷
오트밀 가루 30g
헤이즐넛 가루 30g
코코넛 설탕 10g
베이킹파우더 3g
시나몬 가루 ½ts
소금 1꼬집
메이플시럽 25g
코코넛 오일 15g
참깨 7g

병아리콩을 씻어서 물기를 제거한다. 순서대로 병아리콩, 카카오 가루, 메이플시럽, 참깨 퓨레, 바닐라와 소금을 블렌더 혹은 믹서기 볼에 넣는다. 알갱이 없이 되직한 반죽으로 갈아준다. 믹서기로 계속 갈면서 비건 우유를 혼합하되 후무스가 부드러운 질감이 되도록 양을 조절한다. 표면에 밀착하여 랩을 씌우고 시원한 곳에서 1시간 동안 보관한다.

오븐을 175℃(th.5-6)로 예열하고 오븐 팬에 유산지를 깐다. 코코넛 오일을 녹인다.

오트밀 가루와 헤이즐넛 가루, 설탕, 베이킹파우더, 시나몬 가루와 소금을 샐러드 볼에 넣는다. 메이플시럽과 녹은 코코넛 오일, 그리고 참깨를 넣어서 균일하게 혼합된 반죽을 만든다. 반죽은 바스러지지 않고 작업하기에 충분히 단단해야 한다. 길고 둥글게 성형하여 두 장의 유산지 사이에 넣어 3mm 정도 두께로 얇게 민다. 작은 직사각형의 비스킷 모양으로 자른다. 가장자리에 떨어져 나간 반죽을 모아서 다시 둥글게 만든 다음 납작하게 밀어서 비스킷 모양을 만든다.

오븐에서 비스킷을 노릇하게 10~12분간 구운 다음 오븐 팬 위에서 식힌다. 한 김 식으면 부서트리지 않고 조심스럽게 떼어낸다.

초콜릿 후무스를 신선한 과일, 비스킷과 함께 낸다.

팁과 활용
더욱 풍성한 맛의 스프레드가 되도록 참깨 퓨레를 헤이즐넛 퓨레로 대체할 수 있다. 또한 병아리콩 대신 적강낭콩이나 흰 강낭콩을 사용할 수 있다.

당근 머그 케이크와 크림치즈
Carrot mug cake & cream cheese

오븐에서 갓 나온 케이크를 간식으로 먹는 것만큼 마음이 훈훈해지는 일은 없을 것이다. 그런데 시간을 내서 케이크를 만드는 것은 사실 대단히 어렵다. 그럴 때 다행히도 몇 분 만에 완성할 수 있는 달콤한 간식인 당근 머그 케이크를 소개한다. 향신료의 향이 은은하고 부드럽게 퍼지는 폭신한 게이크다. 그리고 당근 케이크의 완성은 아이싱인 만큼, 마카다미아와 캐슈너트로 만든 진한 크림을 더했다.

글루텐 프리/오일 프리

머그 1잔 기준
준비 : 5분
조리 : 2분

크림치즈
마카다미아 30g
캐슈너트 30g
메이플시럽 1Ts
레몬즙 1ts
비건 우유 3~4Ts

머그 케이크
아몬드 버터 20g + 마무리용
사과 콤포트 40g
메이플시럽 25g
곱게 간 당근 20g
아몬드 가루
(혹은 오트밀 가루) 20g
베이킹파우더 ½ts
시나몬 가루 ½ts
생강가루 ¼ts
넛맥 가루 1꼬집
정향 가루 1꼬집
소금 1꼬집
호두 10g + 마무리용
건포도 10g
오렌지 제스트 ½ts + 마무리용

마카다미아, 캐슈너트, 메이플시럽, 레몬즙, 그리고 비건 우유 한 스푼을 블렌더에 넣고 간다. 나머지 비건 우유를 조금씩 더하면서 부드럽고 매끄러운 크림이 되도록 갈아준다. 시원한 곳에 보관한다.

아몬드 버터와 사과 콤포트, 메이플시럽을 전자레인지용 머그잔에 넣는다. 반죽이 조리 중 부풀어 오르기 때문에 머그잔은 내용물이 3/4만 채워질 수 있게 충분히 커야 한다. 곱게 간 당근과 아몬드 가루, 베이킹파우더, 그 외 재료에 적힌 향신료, 소금을 넣고 완전히 혼합된 반죽을 만든다. 굵게 다진 호두와 건포도, 오렌지 제스트를 혼합한다.

최대 출력으로 90초간 전자레인지에서 조리한다. 손가락으로 케이크를 두드려 보면서 조리 상태를 확인한다. 이때 표면은 부드러우면서도 가볍게 마른 정도여야 한다. 반죽에 여전히 수분이 많다면 15초간 더 전자레인지에서 돌려 질감을 확인한다. 15초 간격으로 계속한다. 중심은 부드러운 상태여야 하고 총 조리 시간이 3분을 넘지 않도록 주의한다.

한 김 식도록 몇 분 놔둔 뒤 크림치즈를 크게 한 스푼 올리고, 아몬드 버터를 한 번 두른 뒤, 굵게 부순 호두와 오렌지 제스트를 올린다.

팁과 활용
- 이 머그 케이크는 전자레인지 대신 180°C(th.6)의 데크 오븐에서 10~12분간 구워 만들 수 있다.
- 시나몬, 생강, 넛맥, 정향 가루를 당근 케이크나 진저브레드 전용 향신료 믹스로 대체할 수 있다.
- 크림치즈를 만들기 위해서 충분히 강한 블렌더가 없다면, 비건 요구르트와 메이플시럽을 각 한 스푼씩 섞어서 대체할 수 있다.

아니스와 아몬드로 맛을 낸 바삭한 비스킷
Biscuits croquants aux amandes & à l'anis

이 비스킷에 대한 이야기는 몇 년 전으로 거슬러 올라간다. 암스테르담에서 머무르는 동안, 나는 어느 작은 카페에서 굉장히 단순하지만 그 질감과 맛이 잊히지 않는 비스킷을 먹었다. 여행을 마치고 집으로 돌아온 나는 적은 가짓수의 재료로 가장 만들기 쉬운 비스킷 레시피 만들기에 도전했다. 그렇게 이 아몬드 비스킷이 만들어졌다. 만들기 쉽고, 빠르고, 속은 부드럽지만 겉은 바삭하다. 그리고 프로방스의 풍미를 담은 이 맛의 비스킷은 수많은 방식으로 변화를 줄 수 있다.

글루텐 프리

비스킷 9개
준비 : 15분
조리 : 12~14분

코코넛 오일 50g
아몬드 20g
쌀가루 150g
아몬드 가루 100g
베이킹파우더 5g
소금 1꼬집
메이플시럽 100g
오렌지 블로섬 워터 1ts
비터 아몬드 엑스트렉트 ½ts
잣 20g
아니스 씨 1Ts

오븐을 175℃(th.5-6)로 예열하고 오븐 팬에 유산지를 깐다. 코코넛 오일을 녹인다. 아몬드 9개를 빼고 나머지를 모두 굵게 다진다.

쌀가루, 아몬드 가루, 베이킹파우더와 소금을 샐러드 볼에 넣어 섞는다. 코코넛 오일, 메이플시럽, 오렌지 블로섬 워터와 비터 아몬드 엑스트렉트를 넣고 완전히 혼합된 반죽을 만든다. 반죽은 모양을 만들 수 있을 만큼 충분히 단단해야 한다. 너무 마른 경우 코코넛 오일과 메이플시럽을 더한다. 굵게 다진 아몬드와 잣, 아니스 씨를 넣어 혼합한다.

반죽을 9등분하여 손으로 압축하며 공 모양을 만든다. 오븐 팬에 2~3cm가량 공간을 띄워 배치한다. 손바닥을 사용해 반죽을 가볍게 눌러서 비스킷 모양을 만든다. 각 비스킷에 통아몬드를 하나씩 올리고 오븐에서 12~14분간 노릇하게 굽는다. 팬에서 식힌다.

팁과 활용
아주 간단하고 만들기 쉬운 글루텐 프리의 비스킷 레시피여서, 무궁무진하게 다른 맛의 비스킷을 만들 수 있다. 아몬드 가루 대신 헤이즐넛 가루를 사용하거나, 오렌지 블로섬 워터 대신 바닐라로, 아니스 씨앗 대신 초콜릿 칩으로, 아몬드나 잣은 헤이즐넛, 피칸, 해바라기 씨앗 등으로 바꿀 수 있다. 향신료에 있어서는 시나몬이나 생강, 카다멈, 넛맥이나 정향 등 진저브레드를 생각나게 하는 계열을 사용할 수 있다.

메밀과 호두 크럼블의 애플 타르트와 타히니 소스

Tarte crumble aux pommes, noix, sarrasin & sauce au tahin

크럼블은 내가 특히 좋아하는 간식 중 하나다. 툴루즈에 있는 한 티하우스에서 맛본 놀라운 크럼블을 기억한다. 입안에서 사르르 녹는 큰 사과 조각과 아주 넉넉한 두께의 크럼블이었다. 이후 주말마다 차 한 잔과 크럼블을 만끽하는 것은 하나의 의식처럼 자리 잡았고, 오롯한 위로의 순간이 되었다. 호두와 메밀로 만든 크럼블과 참깨 소스를 위에 올린 이 맛있는 애플 타르트를 통해 그때의 느낌을 전해주고 싶었다.

글루텐 프리

6인분
준비 : 40분
조리 : 50분

반죽
코코넛 오일 60g
쌀가루 80g
밤가루 50g
옥수수 전분 40g
아몬드 가루 80g
코코넛 설탕 30g
소금 ½ts

크럼블
호두 60g
깐 메밀 50g
쌀가루 30g
아몬드 가루 30g
코코넛 설탕 20g
소금 1꼬집
참깨 퓨레(타히니) 40g
코코넛 오일 30g

사과 가니쉬
사과 650g(약 4개)
코코넛 설탕 30g
옥수수 전분 2Ts
레몬즙 2Ts
시나몬 가루 ½ts
넛맥 가루 ¼ts

타히니 소스
무가당 비건 요구르트 50g
타히니 30g
메이플시럽 1Ts
바닐라 엑스트렉트 1ts

오븐을 180℃(th.6)로 예열한다. 지름 24cm의 깊은 타르트 틀 바닥과 벽면에 기름칠을 한다. 코코넛 오일을 녹인다.

쌀가루, 밤가루, 전분, 아몬드 가루, 설탕, 소금을 샐러드 볼에 넣어 섞는다. 코코넛 오일과 차가운 물 60㎖를 넣고 숟가락으로 섞어 알갱이 없이 매끈한 반죽을 만든다. 이때 반죽은 약간 바스라지지만 엄지와 검지손가락으로 눌렀을 때 충분히 형태를 유지하고 있어야 한다. 너무 뻑뻑한 경우 물을 추가하되 한 번에 한 스푼씩 넣어 적절한 농도가 되도록 한다. 반죽을 밀어서 틀에 맞게 깔아준 다음 포크로 반죽 바닥을 찔러 작은 구멍을 골고루 내준다. 시원하게 보관한다.

호두를 굵게 다진다. 샐러드 볼에 다진 호두, 메밀, 쌀가루, 아몬드 가루, 설탕과 소금을 넣는다. 타히니 소스와 녹은 코코넛 오일을 넣고 섞는다.

사과의 씨를 제거하고 반으로 자른다. 이때 무농약인 경우 껍질은 벗기지 않는다. 만돌린을 사용해 얇게 슬라이스한다. 사과 조각을 샐러드 볼에 넣고 설탕과 전분, 레몬즙, 시나몬 가루와 넛맥 가루를 넣는다. 사과에 잘 스며들 수 있도록 조심스레 섞는다. 사과를 타르트 가장 아래에 일정한 두께로 놓는다. 크럼블을 손가락으로 비벼 잘게 부순 뒤 사과 위에 올린다.

오븐에 50분간 굽는다. 15분이 지나면 알루미늄 포일로 덮어 크럼블이 너무 빨리 타버리지 않도록 주의한다. 사과는 부드럽고 반죽은 노릇해야 한다. 미지근해지도록 상온에서 30분 이상 식힌다.

타히니 소스의 재료를 모두 볼에 넣어 섞어 소스를 만든다. 서빙하기 전 소스를 넉넉하게 뿌린다.

팁과 활용
- 시간이 부족하면 시판용 파트 브리제 반죽을 사용할 수 있다.
- 이 레시피를 활용하여 계절과일을 사용한 타르트를 사계절 내내 만들 수 있다. 배, 붉은 베리류, 루바브, 아니면 파인애플이나 바나나 같은 열대과일도 좋다.

부드러운 크레프와 초콜릿 소스

Crêpes moelleuses & leur sauce au chocolat

내가 어렸을 때 어머니는 간식으로 크레프를 자주 만들어 주셨다. 나는 아직도 어머니의 그 레시피를 따라 해보려고 펼쳐 보았던 요리책의 표지가 기억난다. 그 크레프는 아무것도 바르지 않고 심지어 설탕 없이도 그렇게 맛있었다. 이 레시피 또한 그 자체로 충분히 맛있기를 바란다. 혹시 몰라 약간의 초콜릿 소스를 곁들여보았다…

크레프 20장
준비 : 20분
조리 : 20분
휴지 : 1시간

크레프 반죽
T45 밀가루 400g
옥수수 전분 60g
설탕 2Ts(선택사항)
소금 ¼ts
아몬드유 950㎖
식용유 30g
(포도씨유, 땅콩유, 해바라기유 등)
오렌지 블로섬 워터 1Ts
바닐라 엑스트렉트 2ts

초콜릿 소스
다크초콜릿 120g
비건 우유 200㎖
메이플시럽 30g

밀가루, 전분, 설탕, 소금을 샐러드 볼에 섞는다. 아몬드유 1/3 정도를 한 번에 부어서 휘퍼로 힘차게 섞어 알갱이 없이 매끄러운 반죽을 만들면서 나머지 아몬드유도 천천히 부으면서 휘퍼로 혼합한다. 식용유와 오렌지 블로섬 워터, 바닐라 엑스트렉트를 넣고 균일하게 혼합된 액체 상태의 반죽을 만든다. 랩을 씌워 냉장고에서 1시간 휴지시킨다.

초콜릿을 다져서 작은 냄비에 비건 우유와 함께 넣고 약불로 잘 저어주면서 6~8분간 보글보글 끓인다. 마지막에 메이플시럽을 혼합한다.

키친타월로 팬에 가볍게 기름칠을 하고, 팬이 타지 않을 정도로 달군다. 반죽을 한 국자 붓고 팬을 기울여 모든 면에 펴질 수 있도록 한다. 반죽이 다 익어서 끝부분이 떨어지기 시작하면 뒤집는다. 반대쪽도 1분간 익힌 뒤 접시에 옮긴다. 이 작업을 반죽이 소진될 때까지 반복하되 필요시 2장마다 팬에 기름칠을 새로 한다. 완성된 크레프는 마르지 않도록 천을 덮어둔다.

조리 직후 크레프에 여러분이 원하는 재료를 채워 초콜릿 소스를 뿌려 먹는다.

팁과 활용
크레프 만드는 방법은 아주 쉽다! 반드시 성공하기 위한 몇 가지 조언을 하자면,
- 여러분이 좋아하는 두께의 크레프를 위해 아몬드유의 양을 조절한다. 참고로, 국자 뒷부분을 반죽에 적셔 손가락으로 슥 그었을 때 지나간 자리가 선명히 남으면 두꺼운 쪽이다.
- 반죽을 최소 한두 시간 놔두거나 가장 좋은 것은 하룻밤 휴지시키면 색이 더 진해지고, 향도 진해져서 더 맛있는 크레프가 된다.

디저트
DESSERTS

땅콩과 크리미 캐러멜의 밀리어네어 쇼트브레드
Millionnaire shortbreads à la cacahuète & caramel crémeux

한 입만 먹어보아도 '밀리어네어'라는 이름의 이유를 이해하기에 충분하다. 바삭한 사블레 비스킷과 구운 땅콩을 채운 사르르 녹는 캐러멜, 녹진하게 덮인 초콜릿, 이 작은 스코틀랜드 과자는 너무나도 호사스러운 맛과 달콤함을 지니고 있어서 가치를 매길 수 없을 정도이다. 전통적으로 티타임에 먹는데, 좋은 차 한 잔과 곁들이기에 이상적이다.

글루텐 프리

9개
준비 : 30분
조리 : 15분
휴지 : 1시간 15분

사블레 비스킷
코코넛 오일 70g
코코넛 가루 150g
메이플시럽 40g
바닐라 엑스트렉트 1ts
소금 1꼬집

캐러멜
땅콩버터 120g
메이플시럽 80g
코코넛 오일 30g
바닐라 엑스트렉트 1ts
플뢰르 드 셀 1꼬집
구운 땅콩 70g

가나슈
다크초콜릿 150g
땅콩버터 30g
플뢰르 드 셀 1꼬집

오븐을 180℃(th.6)로 예열한다. 가로세로 20cm 정도 되는 정사각형 틀에 기름칠을 하고 바닥과 옆면에 유산지를 덧댄다.

코코넛 오일을 녹인다. 코코넛 가루와 녹은 코코넛 오일, 메이플시럽, 바닐라 엑스트랙트, 소금을 샐러드 볼에 넣어 섞어서 균일하지만 약간 흐르지 않고 바스라지는 반죽을 만든다. 반죽을 틀 안에 놓고 손가락이나 유리병, 물컵 등 아래가 평평한 물건으로 단단히 눌러 주면서 일정한 두께의 층이 되도록 한다. 비스킷이 마르고 가볍게 색이 날 때까지 오븐에서 10~12분간 굽는다. 틀에서 한 김 식힌다.

땅콩버터와 메이플시럽, 코코넛 오일, 바닐라 엑스트렉트와 플뢰르 드 셀을 작은 냄비에 넣는다. 아주 약한 불에 몇 분간 계속 저어주면서 혼합물이 액체가 되도록 데운다. 불에서 내려 구운 땅콩을 넣고 만들어 둔 비스킷 위에 캐러멜을 붓는다. 최소 냉장고에 1시간 이상 넣어 굳힌다.

굵게 다진 초콜릿을 중탕으로 녹여 액체화시킨다. 땅콩버터를 넣고 섞어 매끈하고 윤기 나는 가나슈를 만든다. 가나슈를 굳은 캐러멜 위에 한 겹 고르고 매끈하게 붓는다. 플뢰르 드 셀을 뿌려서 20분간 시원한 곳에 보관한다.

비스킷을 조심스레 틀에서 벗겨내고 칼날을 뜨거운 물에 한 번 적셔서 데운다. 물기를 닦고 비스킷을 깔끔하게 자른다.

팁과 활용
코코넛 가루 대신 아몬드 가루로, 땅콩버터 대신 아몬드 버터나 캐슈너트 버터로 바꿀 수 있다.

로즈마리와 레몬 아몬드 크림을 넣은 시골풍 살구 타르트

Tarte rustique aux abricots, crème d'amandes au citron & au romarin

갑자기 저녁 준비를 하거나 손님들이 깜짝 방문했을 때, 아니면 그냥 맛있는 디저트가 먹고 싶을 때 어떻게 할까? 그럴 때 이 가볍지만 풍성한 맛의 시골풍 과일 타르트를 준비해 손님들의 입맛을 충족시켜 보자. 실패할 확률이 없는 이 레시피는 직접 만든 파트 브리제와 부드러운 아몬드 크림, 그리고 시럽에 구운 맛있는 과일만 있다면 눈 깜짝할 사이에 만들 수 있다. 무엇보다도 이 타르트의 장점은 바로 일 년 내내 제철 과일로 수없이 다른 맛을 만들 수 있다는 것이다.

6~8인
준비 : 30분
조리 : 35분
휴지 : 30분

파트 브리제
T55 밀가루 250g
사탕수수 설탕 20g
소금 ¼ts
올리브오일 50g

아몬드 크림
생로즈마리 1줄기
두유 크림 80g
아몬드 가루 50g
메이플시럽 15g
사탕수수 설탕 10g
바닐라 엑스트렉트 1ts
카다멈 가루 ½ts
레몬 제스트 ½개분

가니쉬
살구 300g
메이플시럽 30g
레몬즙 1Ts
바닐라 엑스트렉트 1ts
생로즈마리 3줄기
깐 메밀 30g
잣 30g

코팅
메이플시럽 1Ts
비건 우유 5Ts
사탕수수 설탕
아몬드 슬라이스

밀가루, 설탕, 소금을 샐러드 볼에 섞는다. 올리브오일을 조금씩 부으면서 빠르게 섞은 다음 100㎖의 차가운 물을 조금씩 넣으며 반죽의 형태가 될 때까지 섞는다. 반죽이 매끈하고 달라붙지 않을 때까지 짧게 5분 정도 치대어 준다. 반죽이 너무 끈적해서 반죽하기 어렵다면 밀가루를 약간 더한다. 공 모양으로 만들고 표면에 밀착하여 랩으로 싼 다음 상온에서 30분간 휴지시킨다.

로즈마리를 곱게 다진다. 아몬드 크림에 필요한 모든 재료를 볼에 섞어서 알갱이 없이 매끈하고 되직하면서도 부드러운 크림으로 만든다.

살구의 씨를 제거한 뒤 중간 두께로 반달썰기 한다. 메이플시럽, 레몬즙, 바닐라 엑스트렉트를 작은 볼에 섞는다. 살구와 로즈마리 줄기를 샐러드 볼에 넣고 그 위에 만들어 둔 메이플시럽 혼합물을 뿌린다. 조심스레 섞어 살구에 시럽을 입힌다.

오븐을 180℃(th.6)로 예열한다.

유산지 위에 반죽을 놓고 두께가 3mm, 지름 30cm 크기의 원형으로 납작하게 민다. 유산지와 함께 반죽을 오븐 팬 위에 놓는다. 반죽의 가장자리 3cm가량을 제외하고 아몬드 크림을 펴 바른 뒤 살구, 로즈마리를 올리고 시럽 전량을 붓는다. 깐 메밀과 잣을 뿌린다. 가니쉬를 어느 정도 덮으면서 반죽의 가장자리를 타르트 안쪽으로 접어 누른다.

메이플시럽과 비건 우유를 섞어 코팅 물을 만든다. 붓을 사용해 타르트 가장자리에 코팅 물을 바르고 사탕수수 설탕과 아몬드 슬라이스 전량을 타르트 위에 뿌린다. 오븐에 넣어 반죽이 캐러멜화되고 살구가 잘 구워지도록 30~35분간 조리한다.

타르트를 내기 전 오븐 팬에서 몇 분간 식힌 다음 바닐라 아이스크림 한 스쿱을 곁들이면 좋다.

쌀 푸딩, 오렌지 블로섬 워터, 장미와 피스타치오를 곁들인 레바논식 플랑

Flans libanais à la crème de riz, fleur d'oranger, rose & pistaches

'*무할레비(mouhallabieh)*'는 오렌지 블로섬 워터를 넣은 레바논식 밀크 푸딩으로, 시원한 향과 가벼운 질감을 가지고 있다. 이 디저트는 전통적으로 우유, 설탕, 옥수수 전분이 재료의 전부인만큼 만들기 쉽다. 여기서도 그만큼 쉽게 만들 수 있지만 쌀을 넣어 맛을 한층 더 끌어올린 레시피를 소개한다. 한번 갈아서 쌀이 익으면 풍부한 전분이 이 작은 푸딩에 놀라울 정도로 부드럽고 가벼운 질감을 선사한다. 차갑게 보관한 다음, 장미 시럽을 살짝 뿌리고 구운 피스타치오 몇 개를 장식한 다음 맛을 보시라!

글루텐 프리

작은 플랑 4개
준비 : 15분
휴지 : 1시간
조리 : 20분

푸딩
바스마티 쌀 85g
무가당 아몬드유 320㎖
아가베 시럽
(혹은 메이플시럽) 2Ts
오렌지 블로섬 워터 2Ts
소금 1꼬집
아가르 아가르(한천) 가루 1ts

가니쉬
메이플시럽 6Ts
로즈워터 1ts
구운 피스타치오 한 줌
말린 장미 꽃잎 조금

쌀을 씻은 다음 쌀 부피의 두 배가 되는 양의 끓는 물에 12~15분간 익혀 쌀이 수분을 완전히 흡수하고 부드러워지도록 조리한다. 불에서 냄비를 내려 뚜껑을 닫은 상태로 2분간 뜸들인다.

익힌 쌀과 아몬드유, 아가베 시럽, 오렌지 블로섬 워터, 소금을 블렌더에 넣고 완벽하게 매끈하고 진한 크림이 되도록 간다. 아가르 아가르를 넣고 다시 한 번 갈아준다. 혼합물을 냄비에 넣고 끓인다. 내용물이 끓기 시작하면 불을 낮춰 2분간 휘퍼로 계속 저어주면서 뭉근히 끓인다. 푸딩을 베린이나 라메킨에 나눠 담아 상온에서 한 김 식힌 뒤 냉장고에 최소 1시간 이상 보관한다.

메이플시럽과 로즈워터를 작은 볼에 섞는다.

서빙하기 전, 플랑을 냉장고에서 꺼내 시럽과 구운 피스타치오, 그리고 장미 꽃잎을 올린다.

팁과 활용
아가르 아가르는 천연 식물성 겔화제로, 해조류를 말리고 빻은 다음 얻게 된다. 동물성 젤라틴의 아주 좋은 대체제이고, 일본 제과에서 몇 세기에 걸쳐 사용되어 왔다. 아가르 아가르는 가루, 플레이크, 바, 가느다란 섬유 같은 필라멘트 모양 등 다양한 형태로 식료품점에서 찾을 수 있다. 가장 흔하게 찾을 수 있는 것은 가루 형태이다. 아가르 아가르의 겔화 성분을 활성화시키기 위해서는 내용물에 골고루 혼합하여 최소 2분간 데워야 한다.

트리플 초콜릿 브라우니 무스 케이크
Triple chocolate brownie mousse cake

세 개의 층, 세 개의 질감, 세 가지 맛, 그리고 초콜릿도 세 배, 달콤함도 세 배! 이 강렬한 초콜릿케이크는 진하고 풍부한 헤이즐넛 브라우니, 크리미한 초콜릿 플랑, 그리고 가벼운 질감의 초콜릿 무스, 그 위에 초콜릿 코포로 구성되어 있다. 이제 그 유명한 초콜릿 퐁당보다 더 인기 많은 디저트가 될지도 모른다.

글루텐 프리

6~8인분
준비 : 40분
조리 : 20분
휴지 : 5시간

브라우니
적강낭콩 통(병)조림 120g
오트밀 가루 30g
헤이즐넛 가루 20g
카카오 가루 20g
코코넛 설탕 30g
베이킹파우더 6g
소금 1꼬집
헤이즐넛 퓨레 50g
비건 우유 30㎖
바닐라 엑스트렉트 1ts

플랑
다크초콜릿 100g
옥수수 전분 40g
아가르 아가르(한천) 가루 2g
무가당 아몬드유 300㎖
식물성 크림 100㎖
메이플시럽 40g
바닐라 엑스트렉트 1ts

무스
다크 초콜 릿 100g
연두부 150g
되직한 비건 요구르트 100g
메이플시럽 30g
코코넛 오일 20g
소금 1꼬집

데커레이션
다크초콜릿 코포

오븐을 180℃(th.6)로 예열한다. 지름 약 18cm 정도 크기의 둥근 분리형 틀에 기름칠을 하고 바닥과 옆면에 유산지를 덧댄다.

브라우니의 재료를 순서대로 블렌더나 믹서에 넣고 갈아서 매끄럽고 되직한 반죽을 만든다. 틀에 반죽을 부어서 균일한 두께의 층이 되도록 한다. 표면을 매끈하게 만들고 18분간 굽는다. 틀 안에서 한 김 식힌다.

초콜릿을 다진다. 약간의 비건 우유에 아가르 아가르, 옥수수 전분을 녹인 뒤 냄비에 붓고 나머지 비건 우유와 크림, 메이플시럽과 바닐라 엑스트렉트를 넣는다. 약불에 끓이다 살짝 거품이 돌기 시작하면 내용물이 되직하고 크림 같은 농도가 되도록 3분간 휘퍼로 잘 저어주며 끓인다.

냄비를 불에서 내려 다진 초콜릿을 넣어 녹인다. 틀에 있는 브라우니 위로 크림을 골고루 붓고 1~2시간 시원한 곳에 보관한다.

무스용 초콜릿을 다져서 중탕으로 녹인다. 연두부, 요구르트, 메이플시럽과 소금을 믹서나 블렌더로 간다. 녹인 초콜릿을 더하여 한 번 더 갈아 혼합한다. 코코넛 오일을 녹인 뒤 블렌더에 붓고 내용물을 유화시키기 위해 1분간 더 갈아준다.

무스를 굳은 플랑 위에 붓고 표면을 매끄럽게 만들거나 주걱으로 그어 자연스러운 무늬를 낸다. 3시간 동안 시원하게 보관한다.

조심스럽게 틀에서 꺼내고 내기 전 초콜릿 코포로 장식한다.

코코넛, 망고, 패션프루트와 튀밥 트로피컬 바
Barres tropicales coco, mangue, passion & riz soufflé

초콜릿 바와 디저트 사이 즈음에, 열대과일의 향기를 간직한 가볍고 달콤한 예쁜 바가 여러분 속에 잠들어 있던 파티시에의 욕망을 깨울지도 모른다! 굽는 과정이 없는 마카다미아 비스킷과 망고&패션 프루트 크레뫼*, 그리고 녹진한 코코넛 크림, 화이트 초콜릿과 튀밥의 바삭한 코팅으로 이루어져 있다. 이 섬세한 풍미와 과일의 향긋함은 여러분을 황홀한 미각 여행으로 안내해 줄 것이다.

글루텐 프리

바 10개
준비 : 40분
조리 : 10분
휴지 : 3시간

비스킷
오트밀 180g
마카다미아 140g
코코넛 오일 40g
메이플시럽 40g
소금 1꼬집

망고-패션프루트 크레뫼
패션프루트 과육 70g
생망고 200g
코코넛 우유 60g
옥수수 전분 15g
아가베 시럽 1~2Ts(선택사항)

코코넛 크림
바닐라빈 1줄기
아몬드유 240㎖
코코넛 크림 200g
아르가 아가르(한천) 가루 4g
아가베 시럽 30g
코코넛 오일 50g

코팅
튀밥 30g
화이트초콜릿 250g
코코넛 오일 2~3Ts

오트밀과 마카다미아를 믹서에 갈아서 작은 알갱이로 만든다. 코코넛 오일을 녹이고 믹서기에 메이플시럽, 소금을 더한다. 짧게 갈아서 균일한 질감의 반죽을 만든다. 9 x 4cm의 작은 직사각형 틀에 기름칠을 하고 랩을 씌운다. 반죽을 10개의 틀에 고르게 배분하여 넣고, 손가락으로 단단히 눌러 고른 층을 만든다. 반죽의 가운데를 손가락 끝으로 눌러 빈 공간을 만든다. 시원하게 보관한다.

패션프루트의 즙과 과육을 덜어낸다. 망고는 껍질을 벗겨 깍둑썬다. 패션프루트, 망고, 코코넛 우유, 전분을 믹서기에 넣고 간다. 작은 냄비에 옮겨 담아 약불에 5분간 저어주면서 내용물이 되직해질 때까지 끓인다. 맛을 보고 필요시 아가베 시럽을 더한다. 크레뫼를 짤주머니로 옮겨 담아 시원하게 보관한다.

바닐라빈을 세로로 갈라 씨를 긁어낸다. 아몬드유, 코코넛 크림, 아가르 아가르와 바닐라빈의 씨를 믹서기에 넣고 간다. 냄비에 옮겨 담아 혼합물이 끓어오르면 약불에서 3분간 잘 저어준다. 샐러드 볼에 넣고 식힌다.

식은 코코넛 크림 혼합물을 믹서기에 갈아서 다시 한 번 매끄러운 질감이 되도록 한다. 코코넛 오일을 녹이고 크림 혼합물에 넣어 유화되도록 계속 갈아준다. 크림을 짤주머니에 넣고 30분간 시원하게 보관한다. 랩을 씌운 틀을 준비해서, 망고-패션프루트 크레뫼를 미리 만들어둔 반죽 가운에 틈에 짜 넣는다. 그 다음 코코넛 크림을 틀 높이까지 짜 넣는다. 튀밥을 위에 뿌리고 냉동실에 2시간 동안 넣어둔다.

화이트초콜릿을 다져 중탕으로 녹인다. 코코넛 오일 두세 스푼을 더해 섞는다. 틀에서 냉동된 트로피컬 바를 조심스럽게 꺼내어 녹은 화이트초콜릿에 빠트린다. 식힘 망에 올리거나 용기에 놓고 시원한 곳에 20분간 놓아둔다.

* Cremeux. 무스보다 조금 더 액체 상태에 가까운 제과용 크림

추억의 초콜릿 라즈베리 아이스크림
La glace chocolat-framboise de mon enfance

내가 어렸을 적 특히 좋아했던 여름 디저트 중 하나는 바로 두 가지 맛이 섞인 아이스크림을 휘휘 저어서 하나의 아이스크림으로 만들어 먹는 것이었다. 서로 다른 맛이 어우러진, 약간 녹은 아이스크림이 더 부드럽고 달콤했다. 여기서는 사르르 녹는 달콤한 초콜릿 헤이즐넛 아이스크림과 과일향 가득하고 청량한 라즈베리 아이스크림, 이 극명하게 다른 두 가지 맛으로 만들어 보았다. 아이스크림 기계 유무와 상관없이 만들기 쉬운 이 디저트는 두 가지 맛이 완벽한 조화를 이룬다.

글루텐 프리

4~6인분
준비 : 20분
휴지 : 2시간
불리기 : 10분

헤이즐넛 초콜릿 아이스크림
씨 있는 대추야자 160g
헤이즐넛 퓨레 100g
카카오 파우더 25g
코코넛 크림 300g
바닐라 엑스트렉트 1ts

라즈베리 아이스크림
냉동 라즈베리 100g
냉동 바나나 슬라이스 200g
코코넛 우유 100g
메이플시럽 1Ts
카다멈 가루 ½ts
바닐라 엑스트렉트 1ts

데커레이션
다크초콜릿
로스팅한 헤이즐넛

대추야자를 따뜻한 물에 10분간 불려 부드럽게 만든다. 씨를 제거한 뒤 헤이즐넛 퓨레와 카카오 가루, 코코넛 크림, 바닐라 엑스트렉트와 함께 믹서에 넣어 최대출력으로 갈아서 매끄럽고 진한 크림을 만든다.
아이스크림 메이커를 사용할 경우, 내용물을 기계에 넣고 1시간 동안 돌린 뒤 냉동실에 넣는다. 아이스크림 메이커를 사용하지 않을 경우, 크림을 통에 부어서 냉동실에 넣는다. 원하는 질감이 될 때까지 30분마다 섞는다.

냉동 라즈베리, 냉동 바나나, 코코넛 우유, 메이플시럽, 카다멈과 바닐라를 믹서기에 넣고 오랫동안 매끈한 크림이 될 때까지 간다. 맛을 보고 필요시 메이플시럽 양을 조절한다. 초콜릿 아이스크림과 같은 방식으로 만들어 냉장고에서 굳힌다.

라즈베리 아이스크림 1/3을 밀폐용기나 통에 담는다. 그 위를 헤이즐넛 초콜릿 아이스크림의 1/3 분량을 덮은 뒤 두 아이스크림을 번갈아 가며 채운다. 초콜릿, 굵게 다진 헤이즐넛을 양껏 뿌린다. 먹기 전 최소 1시간 이상 냉동실에 보관한다.

팁과 활용
냉동 라즈베리는 블루베리, 카시스, 딸기 혹은 망고 등으로 대체할 수 있다.

헤이즐넛 프랄리네 로셰 Rochers pralinés à la noisette

연말의 축제 시즌이 되면 그 무엇보다도 내가 좋아하는 것이 하나 있는데, 그것은 바로 이 작은 트러플 초콜릿이다. 행복한 맛, 녹진한 속, 크런치한 코팅이 어우러진 초콜릿은 선물하기에도, 먹기에도 이상적인 달콤한 디저트다. 시판용보다 더 가벼우면서도 맛있는 헤이즐넛 퓨레로 아주 쉽게 만들 수 있는 프랄리네 초콜릿 레시피를 소개한다. 가운데에 통 헤이즐넛 숨기는 것을 잊지말자!

글루텐 프리

로셰 10개
준비 : 30분
휴지 : 2시간 20분

헤이즐넛 크림
다크초콜릿 50g
코코넛 크림 60g
헤이즐넛 퓨레 60g
메이플시럽 15g
카카오 가루 10g
바닐라 엑스트렉트 1ts
플뢰르 드 셀 1꼬집

코팅
다크초콜릿 60g
코코넛 오일 1Ts
구운 헤이즐넛 20g
카카오닙스 15g

속 재료
구운 헤이즐넛 10개

초콜릿을 굵게 다진 후 중탕으로 녹인다.

코코넛 크림과 헤이즐넛 퓨레, 메이플시럽, 카카오 가루, 바닐라 엑스트렉트와 소금을 샐러드 볼에 넣는다. 여기에 녹은 초콜릿을 더한 뒤 잘 섞어서 크리미하고 균일한 질감의 반죽을 만든다. 밀봉하여 시원한 곳에 2시간 동안 보관한다(혹은 30분간 냉장실에 보관한다).

초콜릿을 굵게 다져 코코넛 오일과 함께 중탕하여 녹인다. 구운 헤이즐넛을 잘게 다져서 카카오닙스와 함께 볼에 담아둔다.

크림이 굳으면 숟가락으로 한 스푼 떠서 원반 모양으로 만든다. 헤이즐넛을 가운데에 올린 뒤 손의 열기로 크림이 약간 말랑해지도록 하면서 양손으로 둥글게 굴린다. 공 모양의 초콜릿을 헤이즐넛과 카카오닙스 볼에 넣어 한 겹 입히고 바로 녹인 초콜릿에 떨어트려 코팅한다. 20분간 시원한 곳에서 코팅이 굳도록 보관한다.

팁과 활용
- 이 레시피로 만든 로셰는 연말 선물로 적합하다.
- 헤이즐넛과 카카오닙스 대신 코코넛롱이나 피스타치오 혹은 다진 아몬드에 초콜릿을 굴려도 되고, 초콜릿 코팅을 입힌 뒤 카카오 가루나 말차 가루, 혹은 동결건조한 라즈베리 가루를 뿌릴 수 있다.

끝내주는 바노피 치즈 케이크
Incroyable banoffee cheesecake

채식 요리라는 모험을 시작했을 때, 매주 금요일마다 새로운 치즈케이크를 만드는 습관이 있었다. 이는 연습의 시간이자 휴식의 시간이었고, 또한 나의 창의력을 마음껏 표현할 수 있는 방법이었다. 몇 년간 내가 얼마나 많은 풍미의 조합을 테스트할 수 있었는지 말할 수 없을 정도다. 하지만 확실한 것은, *바노피(banoffee)* 스타일의 치즈 케이크가 내가 가장 좋아하는 것 중 하나라는 것이다. 바삭한 비스킷과 녹진한 바나나 크림 그리고 대추야자가 들어간 캐러멜로 유명한 그 영국 디저트를 좀 더 가볍게 재구성해 보았다.

글루텐 프리

8조각
준비 : 40분
휴지 : 3시간
조리 : 30분
불리기 : 20분

비스킷
오트밀 가루 70g
아몬드 가루 40g
사탕수수 설탕
(혹은 코코넛 설탕) 30g
시나몬 가루 1ts
소금 ½ts
코코넛 오일 40g
메이플시럽 15g

치즈케이크 충전물
코코넛 우유 1통
생 캐슈너트 100g
잘 익은 바나나 2개
코코넛 오일 1Ts
아가베 시럽 40g
레몬즙 1Ts
소금 ¼ts
코코넛 오일 20g

캐러멜
씨를 뺀 대추야자 100g
코코넛 우유 120㎖
바닐라 엑스트랙트 1ts
소금 ¼ts

가니쉬
코코넛칩 30g
다크초콜릿 30g
바나나 1개

하루 전날 코코넛 우유를 냉장고에 넣어둔다.

오븐을 180℃(th.6)로 예열한다. 지름 약 18cm 정도 되는 둥근 분리형 틀에 기름칠을 하고 바닥과 옆면에 유산지를 덧댄다.

오트밀 가루, 아몬드 가루, 설탕, 시나몬 가루 그리고 소금을 샐러드 볼에 섞는다. 코코넛 오일을 녹인다. 녹은 코코넛 오일과 메이플시럽을 가루 재료에 더하고 알갱이 없이 반죽을 만든다. 이때 반죽은 약간 마르고 부서지는 편이지만, 작업을 할 수 있을 정도로 충분히 단단해야 한다. 반죽을 틀에 넣고 손가락이나 유리병, 물컵 등 아래가 평평한 물건으로 단단히 눌러주면서 일정한 두께의 층이 되도록 한다. 반죽이 마르고 가볍게 색이 날 때까지 오븐에서 10~12분간 굽는다. 틀에서 한 김 식힌다.

생 캐슈너트를 따뜻한 물에 20분 동안 담가 놓았다가 씻어서 물기를 제거한다. 바나나는 껍질을 벗겨 두껍게 슬라이스한다. 팬에 코코넛 오일 한 스푼을 넣고 달궈 바나나를 3~5분간 계속 저으면서 캐러멜화 되도록 튀긴다.

코코넛 우유의 캔을 열어 위쪽에 형성된 두꺼운 크림 90g만 덜어낸다. 캐슈너트와 조리한 바나나, 코코넛 크림, 아가베 시럽, 레몬즙과 소금을 넣고 믹서기에 갈아 매끈하고 진한 크림을 만든다. 코코넛 오일을 녹여 크림 혼합물에 넣고 계속해서 간다.

크림을 틀에 붓고 주걱을 사용해 골고루 배분한다. 틀을 가볍게 작업대 위에 내리쳐서 크림 속 기포들이 올라오고 표면이 매끈해지도록 한다. 랩을 씌워 최소 3시간 냉장고에 보관한다.

대추야자를 따뜻한 물에 20분간 불려 부드럽게 한다. 체에 걸러 물기를 제거하고, 씨를 뺀 다음 과육을 다진다. 대추야자, 코코넛 우유, 바닐라 엑스트렉트 그리고 소금을 물 30㎖와 함께 믹서기에 넣고 갈아서 매끄럽고 진한 소스를 만든다. 내용물을 냄비에 붓는다. 끓어오르면 10분간 중불에서 뭉근히 끓여 소스를 응축시키고 색이 나게 한다. 캐러멜이 타지 않도록 계속 저어준다. 시원한 곳에 보관한다.

코코넛칩을 오븐 팬에 깔아서 180℃(th.6)도의 오븐에서 3~4분간 굽는다. 이때 칩이 타지 않도록 주의한다.

필러로 초콜릿을 얇게 슬라이스해 코포를 만든다. 바나나의 껍질을 벗겨 슬라이스한다.

서빙할 때는 치즈케이크를 조심스럽게 틀에서 꺼내어 캐러멜 소스를 뿌리고 바나나 슬라이스와 구운 코코넛칩, 초콜릿 코포로 꾸민다. 먹기 전 치즈케이크를 상온에서 10분간 두어 냉기를 없앤다.

팁과 활용

캐러멜 소스는 대추야자 없이 플랑 파티시에(p.173)나 알파호레스(p.176)의 레시피를 참고하여 만들 수 있다.

시트러스 트라이플, 코코넛 샹티이와 캐러멜 팝콘

Trifle aux agrumes, chantilly de coco & popcorn caramélisé

맛있는 트라이플이란, 식감과 색 그리고 맛의 즐거운 조화라고 할 수 있다. 전형적인 영국 디저트로, 크림과 제누아즈, 그리고 과일이 층층이 쌓인 트라이플은 보기에도 풍성해서 마치 축제 같기만 하다. 이 레시피는 제누아즈의 비교 불가한 부드러움과 코코넛 샹티이의 감미로움, 감귤류의 새콤달콤함이 주는 청량감, 그리고 캐러멜을 입힌 팝콘의 달콤함이 한데 어우러져 디저트로 꿈꿀 수 있는 모든 것을 지니고 있다.

4인분
준비 : 40분
휴지 : 1시간
조리 : 35분

제누아즈
무가당 비건 요구르트 75g
비건 우유 45㎖
식용유(포도씨유, 해바라기유 등) 25g
코코넛 설탕 40g
바닐라 엑스트렉트 1ts
T55 밀가루 70g
아몬드 가루 25g
베이킹파우더 5g
소금 1꼬집
생강가루 ½ts
라임 제스트 ½개분

코코넛 샹티이
코코넛 크림 300g
설탕 1Ts

캐러멜 팝콘
아몬드 20g
식용유 필요한 만큼
(포도씨유, 해바라기씨유 등)
팝콘용 옥수수 15g
메이플시럽 40g + 1Ts
아몬드 버터 15g
바닐라 엑스트렉트 1ts
플뢰르 드 셀 1꼬집
포멜로 혹은 자몽 1개
라임 제스트 ½개분

가니쉬
오렌지1개
포멜로 혹은 자몽 1개
메이플시럽 1Ts
바닐라 빈 약간
라임 제스트 ½개분

오븐을 180℃(th.6) 로 예열하고 오븐 팬에 유산지를 깐다.

제누아즈의 모든 재료를 커다란 샐러드 볼에 넣는다. 매끈하고 알갱이 없이 균일한 반죽으로 섞되 지나치게 반죽하지 않는다. 반죽을 오븐 팬에 약 1.5cm 두께로 균일하게 펼쳐 오븐에서 12~14분간 굽고, 손으로 만져보았을 때 제누아즈가 마르고 부드러운지 확인한다. 오븐에서 꺼내어 천을 덮어 식힌다.

코코넛 샹티이를 준비한다. 미리 시원한 곳에서 보관하고 있던 코코넛 크림의 통을 열어 윗부분의 두꺼운 크림 층만 걷어낸다. 크림과 설탕을 스탠드 믹서의 볼에 넣어 처음엔 중속으로 휘핑하다가 점점 빠르게, 크림이 무스처럼 부드럽고 단단해질 때까지 휘핑한다. 완성된 샹티이는 짤주머니에 넣어 시원한 곳에 보관한다.

아몬드를 170℃(th.5-6)의 오븐에서 12분간 굽는다. 굵게 다지기 전 잠시 식힌다.

뚜껑이 있는 냄비에 식용유를 넉넉히 넣고 중불로 달군다. 팝콘용 옥수수를 넣고 뚜껑을 덮는다. 옥수수알이 터지기 시작할 때까지 골고루 익도록 냄비를 흔들면서 계속 조리한다. 옥수수알이 모두 터지고 나면, 뚜껑을 열고 팝콘을 샐러드 볼에 붓는다. 구운 아몬드와 메이플시럽 40g을 작은 냄비에 붓는다. 끓어오르면 불을 낮춰 2분간 섞어주며 뭉근하게 끓인다. 불에서 내려 아몬드 버터와 바닐라 엑스트렉트, 소금을 넣는다. 이 소스를 팝콘에 붓고 섞어준다. 팝콘과 아몬드 혼합물을 유산지를 덮은 오븐 팬에 펼쳐 180℃(th.6)에서 7분간 굽는다. 완전히 식힌다.

오렌지와 포멜로의 밑과 위를 조금 자른 다음, 껍질 안쪽의 흰 부분까지 잘라 과육이 드러나도록 한다. 흘러나오는 즙을 담을 수 있게 샐러드 볼 위에서 반달 모양으로 과육만 잘라낸다. 과육과 즙이 담긴 볼에 메이플시럽 1스푼과 바닐라 빈 알갱이, 레몬 제스트를 넣는다.

서빙할 때, 제누아즈를 주사위 모양으로 깍둑썬다. 커다란 용기에 샹티이를 한 층 짜 넣고, 제누아즈와 시트러스 과육을 그 위에 올린 뒤 샹티이로 다시 덮는다. 이 과정을 반복해 여러 층으로 만든다. 캐러멜을 입힌 팝콘과 아몬드로 장식한다.

팁과 활용

- 제누아즈와 샹티이는 미리 준비할 수 있다.
- 이 디저트는 남은 케이크나 과자를 활용할 수 있는 좋은 방법이다. 제누아즈 대신 케이크나 머핀, 쿠키 조각으로도 대체할 수 있다.

몽블랑 크림과 캐러멜을 입힌 헤이즐넛 메밀 크루스티앙

Crèmes mont-blanc & croustillant noisettes-sarrasin caramélisés

나는 제과점 진열대에 있던 몽블랑에 늘 열광했다. 무척 가벼우면서도 우아하고, 밤 크림으로 된 얇은 국수 모양의 커다란 돔 형태가 흥미로웠다. 숟가락을 꽂아서 그 안에 무엇이 숨겨져 있는지 보고 싶게 만든다. 깊이 파고 들어가다, 나는 이 디저트의 기원이 프랑스와 카리브해 두 곳이라는 것을 알게 되었다. 마치 내 고향이 두 곳인 것처럼 말이다! 아마도 그래서 내가 여러분에게 이 부드러운 바닐라 크림과 캐러멜을 입혀 바삭한 헤이즐넛 메밀 크루스티앙을 소개하고 싶었던 것일지도 모른다.

글루텐 프리

4개
준비 : 30분
휴지 : 1시간
조리 : 20분

밤 크림
삶은 밤 150g
메이플시럽 45g
비건 우유 90㎖
바닐라 엑스트렉트 1ts

바닐라 크림
코코넛 오일 20g
연두부 400g
아몬드 버터 40g
아가베 시럽(혹은 메이플시럽) 40g
바닐라 가루 약간

크루스티앙
깐 메밀 40g
헤이즐넛 40g
설탕 30g

밤 크림의 모든 재료를 블렌더나 믹서에 넣고 알갱이 없이 되직하고 매끈한 크림을 만든다. 짤주머니에 넣어 시원한 곳에 보관한다.

코코넛 오일을 녹인다. 연두부, 아몬드 버터, 아가베 시럽, 바닐라를 블렌더나 믹서에 넣고 부드럽고 매끈한 크림을 만든다. 녹인 코코넛 오일을 조금씩 넣으면서 계속 간다. 크림을 작은 베린이나 라메킨에 나누어 넣고 시원한 곳에서 최소 1시간 놓아둔다.

메밀과 통 헤이즐넛을 170℃(th.5-6)의 오븐에 12~15분간 로스팅하거나, 팬에서 중불로 10분 정도 계속 섞어가며 볶는다. 한 김 식힌 다음 헤이즐넛을 굵게 다진다.

크루스티앙 분량의 설탕을 작고 두꺼운 냄비에 붓는다. 설탕이 갈색이 되고 녹을 때까지 끓인다. 캐러멜이 형성될 때 주걱으로 섞지 않도록 조심한다. 필요한 경우 냄비를 약간 기울여 설탕이 냄비 표면 전체에 고루 퍼지도록 한다. 색이 잘 나면, 로스팅한 메밀과 헤이즐넛을 넣고 섞는다. 작업대나 실리콘 매트에 부어서 완전히 식힌다. 뜨거운 캐러멜을 조리할 땐 특히 화상에 유의한다!

서빙할 때에는 바닐라 크림 위에 밤 크림을 짜 넣고 크루스티앙 조각을 뿌린다.

팁과 활용
- 캐러멜을 만드는 작업이 처음에는 조금 조심스러울 수 있다. 원활하게 실행하기 위한 몇 가지 규칙이 있다:
  - 백설탕이나 황설탕을 사용한다. 코코넛 설탕 같은 비정제 설탕이나 비정제 사탕수수 설탕은 결과물이 잘 나오지 않는다.
  - 캐러멜 형성에 방해되는 이물질이 없도록 냄비가 깨끗하고 물기가 없는지 확인한다.
  - 캐러멜을 만드는 중에는 절대 설탕을 휘젓지 않는다;
  - 갓 만든 캐러멜은 아주 뜨겁기 때문에 절대 숟가락을 핥으면 안 된다. 손으로 만지기 전에 충분히 식힌다.

코코넛 망고 스티키 라이스 롤과 땅콩 소스

Rouleaux de riz gluant lait de coco-mangue & sauce à la cacahuète

망고를 곁들인 스티키 라이스는 태국 요리를 대표하는 가장 맛있는 디저트 중 하나이다. 쌀과 달착지근한 코코넛 우유, 그리고 생망고를 곁들여 낸다. 또한 적은 가짓수의 재료로 쉽게 만들 수 있는 데다 깜짝 놀랄 정도로 맛있다! 이 태국 음식이 베트남의 유명한 스프링 롤과 만나서, 거부할 수 없을 정도로 맛있는 라이스 롤이 되었다.

글루텐 프리

롤 6개
준비 : 30분
불리기 : 30분
조리 : 20분

스티키 라이스
찹쌀 200g
코코넛 우유 150g
통생강 1조각
카다멈 3깍지
코코넛 설탕 20g
소금 1꼬집

롤
망고 ½개
라이스 페이퍼 6장
생민트잎 12장

땅콩 소스
땅콩버터 40g
메이플시럽 1Ts
코코넛 우유 1Ts
라임즙 1Ts
바닐라 엑스트렉트 1ts
라임 제스트 ½개 분량

찹쌀을 차가운 물에 30분간 불린 뒤, 체에 걸러 여러 번 헹궈 쌀이 투명해지도록 한다. 찹쌀을 200㎖의 물과 함께 냄비에 넣는다. 끓어오르면 약불로 낮추고 뚜껑을 덮어 10분간 약불로 익힌다. 조리 시간 동안 뚜껑은 열지 않고, 물이 모두 흡수되면 불에서 내려 10분간 뚜껑을 덮고 뜸을 들인다.

코코넛 우유를 작은 냄비에 붓는다. 슬라이스한 통생강과 카다멈, 설탕과 소금을 넣는다. 설탕이 녹도록 잘 섞으면서 데우다가 불에서 내려 10분간 우린다. 촘촘한 거름망에 거른 다음 만들어놓은 찰밥에 부어 섞어준다. 완전히 식힌다.

망고의 껍질을 벗기고 얇게 슬라이스한다. 커다란 그릇에 뜨거운 물을 붓고, 도마의 표면을 적신다. 라이스 페이퍼를 뜨거운 물에 몇 초간 완전히 담근 뒤 손가락 끝으로 조심스레 흔들어 부드럽게 한다. 라이스 페이퍼를 도마에 깐다. 민트잎 2장과 망고 몇 조각을 라이스 페이퍼 한쪽에 놓는다. 그 위에 찹쌀밥 3스푼을 길게 소시지 모양으로 올린다. 라이스 페이퍼가 찢어지지 않고, 속재료들이 잘 압축되도록 조심스레 말아서 끝을 접어 누른다. 나머지도 동일하게 작업한다. 완성된 롤은 살짝 물기가 있는 접시에 올려 시원하게 보관한다.

볼에 땅콩 소스의 모든 재료를 넣고 잘 섞는다. 완성된 소스와 차가워진 라이스 롤을 함께 낸다.

팁과 활용
- 이 레시피를 바탕으로 망고 대신 딸기, 키위, 바나나 슬라이스나 배와 같은 계절 과일로 대체할 수 있다.
- 라이스 페이퍼를 다루는 것이 처음에는 어려울 수 있지만 아래의 팁으로 완벽하게 만들 수 있다.
  - 작업하기 편리하도록 모든 재료를 손이 닿는 곳에 모아둔다.
  - 작업대와 손에는 약간 물기가 있어야 라이스 페이퍼가 달라붙지 않는다.
  - 속재료를 너무 가득 채우면 말기가 어려우니 주의한다.
  - 시작하기 전에 인터넷에서 만드는 영상을 보면 도움이 된다.

건과일과 향신료로 만든 스티키 토피 푸딩
Sticky toffee puddings épicés aux fruits secs

영국, 스코틀랜드, 아일랜드 모두 이 대추야자가 들어간 폭신하고 맛있는 케이크의 원조가 누구인지 격렬히 다툰다. 그만큼 중독성이 있는 것이, 대추야자 사이로 스며드는 캐러멜 소스와 아이스크림 한 스쿱을 곁들여 먹으면 이 푸딩에서 정말 헤어 나오기 힘들 것이다. 이 매혹적인 작은 케이크의 달콤함은 간직한 채 좀 더 가벼운 형태로 된 레시피를 여러분에게 소개한다.

글루텐 프리

푸딩 4개
준비 : 30분
조리 : 50분
휴지 : 20분

푸딩
대추야자 150g
건포도 80g
무가당 아몬드유 360㎖
아몬드 퓨레 40g
메이플시럽 30g
오트밀 가루 170g
베이킹파우더 10g
시나몬 가루 2ts
생강가루 1ts
소금 ¼ts
피칸 40g

토피 소스
코코넛 우유 1통
코코넛 설탕 40g
메이플시럽 60g
소금 ¼ts
코코넛 오일 60g

가니쉬
바닐라 아이스크림
피칸

하루 전날 코코넛 우유를 냉장고에 넣어둔다.

오븐을 180℃(th.6)로 예열한다. 머핀 틀에 기름칠을 하고 바닥과 옆면에 유산지를 덧댄다.

대추야자의 씨를 제거한 뒤 굵게 다진다. 대추야자, 건포도, 아몬드유를 냄비에 넣는다. 살짝 끓어오를 때까지 서서히 가열한 다음 5분간 더 조리한다. 불에서 내려 뚜껑을 닫고 20분간 우려낸다.

우린 혼합물을 믹서에 갈아 매끈한 크림을 만든다. 아몬드 퓨레와 메이플시럽을 더한 뒤 다시 믹서기를 돌린다.

오트밀 가루와 베이킹파우더, 시나몬 가루, 생강가루, 소금을 샐러드 볼에 섞는다. 그 위에 크림을 부어서 섞어 반죽한다. 굵게 다진 피칸을 혼합하고 틀에 반죽을 골고루 배분하여 오븐에서 20분간 굽는다. 손으로 만져보았을 때 반죽이 다 말랐지만 중심 쪽은 여전히 말랑한 정도여야 한다. 틀에서 꺼내기 전 10분 정도 식힌다.

코코넛 우유의 뚜껑을 열어서 위에 형성된 크림 층의 240g 정도를 덜어낸다. 이 크림과 설탕, 메이플시럽, 소금을 냄비에 넣는다. 한 번 끓어오르기 시작하면 약불에 15분간 계속 저어주며 뭉근히 끓인다. 불에서 내려 코코넛 오일을 넣고 잘 저어서 녹인다. 완성된 토피 소스를 따뜻한 곳에서 보관하고, 필요시 서빙하기 전 소스를 다시 데워 액체화할 수 있다.

서빙할 때에는 미지근한 푸딩에 소스를 충분히 뿌리고 바닐라 아이스크림과 피칸으로 장식한다.

팁과 활용
푸딩에 큰 대추야자인 메드줄(medjool) 품종이나 부드러운 점보 건포도를 사용하면 부드러움과 자연스럽게 달콤한 맛을 낼 수 있다. 건포도를 건살구나 건무화과로 대체할 수 있다. 이때 믹스 과정을 원활하게 하고 건과일을 부드럽게 하기 위해 따뜻한 비건 우유에 충분히 불린다.

커피와 향신료로 맛을 낸 소프트 티라미수
Tiramisu léger au café & aux épices

이탈리아에서는 식당에서 식사를 마칠 때쯤 약간의 티라미수를 권하는 경우가 많다. 그리고 대부분이 이 유혹에 넘어가기 때문에, 직원이 커다란 그릇을 들고 와 접시에 바로 한 스푼 퍼줄 것이다. 조금 더 먹고 싶다면? 문제없다! 곧이어 두 번째 접시를 채워줄 것이다. 이탈리아에서는 대접받는다고 할 수 있다. 그리고 티라미수는 분명 그런 이탈리아식 인심과 나눔을 가장 잘 보여준다. *티라미수(Tirami sù)*는 문자적으로 '나를 올려주세요', 즉 '기운을 북돋아주세요'라는 뜻이다. 감미로운 향신료의 폭신한 제누아즈와 아주 부드러운 크림이 들어간 이 디저트로 임무 완료!

6~8인분
준비 : 40분
휴지 : 3시간
조리 : 20분
불리기 : 20분

제누아즈
무가당 비건 요구르트 150g
비건 우유 90㎖
식용유
(포도씨유, 해바라기유 등) 50g
코코넛 설탕 60g
바닐라 엑스트렉트 1ts
T55 밀가루 130g
아몬드 가루 50g
베이킹파우더 10g
소금 1꼬집
시나몬 2ts
생강가루 1ts
넛맥 가루 ¼ts
정향 가루 ¼ts
오렌지 제스트 ½개 분량

크림
캐슈너트 150g
연두부 300g
되직한 무가당 비건 요구르트 150g
아가베 시럽 70g
바닐라 가루 ½ts
소금 1꼬집
코코넛 오일 60g

아몬드 크루스티앙
통아몬드 40g
카카오 가루 6g
코코넛 설탕 5g
커피 가루 3g
플뢰르 드 셀 1꼬집

커피 시럽
에스프레소 90㎖
사탕수수 설탕 30g
바닐라 엑스트렉트 1ts

오븐을 180℃(th.6)로 예열하고 오븐 팬에 유산지를 깐다.

요구르트, 우유, 식용유, 코코넛 설탕, 바닐라 엑스트렉트를 샐러드 볼에 넣는다. 제누아즈의 나머지 가루 재료를 혼합하여 매끈하고 알갱이 없이 균일한 반죽으로 섞되 지나치게 반죽하지 않는다. 반죽을 오븐 팬에 약 1.5cm 두께로 균일하게 펼쳐 손으로 만져보았을 때 제누아즈가 마르고 부드러워질 때까지 12~14분 굽는다. 오븐에서 꺼내어 천을 덮어 식힌다.

캐슈너트는 따뜻한 물에 20분간 불려 부드럽게 한다. 씻어서 물기를 제거해 믹서기에 넣는다. 연두부, 요구르트, 아가베 시럽, 바닐라 가루, 소금을 더해서 최대 출력으로 간 다음 완벽하게 매끄럽고 크리미한 소스를 만든다. 코코넛 오일을 녹이고 크림 혼합물에 부어 계속 갈면서 유화시킨다. 크림을 짤주머니에 넣고 시원한 곳에서 최소 1시간 이상 보관한다.

통아몬드를 170℃(th.5~6)에 약 12분간 로스팅한다. 잠시 식히고 믹서에 갈아서 작은 알갱이가 되도록 만든다. 이 가루에 카카오 가루, 설탕, 커피 가루, 플뢰르 드 셀을 넣고 섞는다.

에스프레소 커피와 설탕, 바닐라 엑스트렉트를 작은 냄비에 붓는다. 끓어오르면 5분간 설탕 입자들이 모두 녹을 정도의 약불에 뭉근히 끓이되, 지나치게 졸이지 않도록 작업한다.

완성된 제누아즈를 길고 납작한 밴드 모양으로 자른다. 그릇 바닥에 제누아즈 조각들을 배열한다. 커피 시럽을 제누아즈 위에 뿌리고 크림을 덮은 다음 다시 두 번째 제누아즈 층을 만들고 시럽을 발라 크림 한 층으로 완성한다. 시원한 곳에 최소 2시간 보관한다. 서빙할 때 아몬드 크루스티앙을 뿌린다.

팥앙금을 채운 참깨 말차 모찌
Mochis au matcha & au sésame fourrés à la pâte de haricots rouges

이 부드럽고 말랑한 작은 공 모양의 디저트는 프랑스 제과점 진열대에 점점 더 자주 나타나고 있다. 모찌는 섬세하고, 세련되고, 가벼우면서도 풍미로 가득해서 마치 일본의 모습을 투영하는 듯하다. 앙금이 들어간 모찌는 전통적으로 명절이나 축제 등 큰 행사가 있을 때, 특히 새해에 먹는다. 본래 다도 시간에는 말차의 옅은 쓴맛을 덜어주고자 할 때 먹었다.

글루텐 프리

모찌 10개
준비 : 30분
불리기 : 20분
조리 : 2분
휴지 : 30분

팥앙금*
대추야자 65g(큰 것 약 3개)
삶은 팥 150g
헤이즐넛 퓨레 50g
바닐라 엑스트렉트 1ts
아카 미소** ½ts(혹은 소금 1꼬집)
참깨 2Ts

모찌
찹쌀가루 100g
슈거파우더 20g
말차 가루 1ts
코코넛 우유 40㎖
참깨 2Ts
검은깨 2Ts
옥수수 전분

대추야자는 따뜻한 물에 20분간 불려 부드럽게 만든다. 물기를 제거하고 씨를 제거한다. 팥, 대추야자, 헤이즐넛 퓨레, 바닐라 엑스트렉트, 미소(혹은 소금)을 블렌더나 믹서에 넣어 갈아 알갱이 없이 균일한 질감의 페이스트를 만든다. 참깨를 더하여 짧게 간다. 10개 분량의 둥근 공 모양으로 성형하여 냉장고에 30분 동안 넣어 굳힌다.

찹쌀가루, 슈거파우더, 말차 가루, 코코넛 우유와 80㎖의 물을 전자레인지용 볼에 넣어 섞는다. 랩으로 밀봉한 뒤 850W 출력 기준 전자레인지에서 1분 30초간 익힌다. 랩을 벗기고 섞는다. 되직하고 말랑거리면서 약간 쫀득한 반죽이어야 한다. 반죽이 너무 흐물거리면 다시 밀봉하여 30초 간격으로 질감을 확인하며 조리 시간을 늘린다.

냉장고에서 앙금을 꺼낸다. 참깨와 검은깨를 섞는다. 작은 볼에 물을 넣어 준비한다. 작업대에 전분을 뿌리고, 제과용 밀대를 준비하고 손을 깨끗이 씻는다.

모찌 반죽을 한 스푼 떠서 손으로 둥글게 성형한 뒤, 밀대로 밀어 원반 모양을 만든다. 손 안에 반죽을 놓고, 팥앙금을 중간에 넣는다. 가장자리를 앙금 위쪽으로 하여 접고 손가락으로 눌러 구멍이 없도록 잘 밀봉한다. 모찌를 둥글게 굴린다. 남은 반죽도 똑같이 작업하여 10개 분량을 만든다. 모찌가 모두 완성되면, 물기를 조금 묻혀 준비된 참깨와 검은깨 혼합물에 굴린다.

먹기 전 30분간 시원한 곳에서 보관한다.

* 프랑스어 원서에서는 팥 대신 현지에서 쉽게 구할 수 있는 적강낭콩을 사용했다.
** 일본식 붉은 된장

팁과 활용
- 모찌를 쉽게 만들 수 있는 몇 가지 조언을 하자면,
  - 작업을 원활히 하려면 모든 재료가 손 닿는 곳에 있어야 한다.
  - 반죽은 충분히 오래 조리하도록 한다. 투명해지면 다 익은 것이다.
  - 반죽이 빨리 마르기 때문에, 반죽을 만든 뒤 재빨리 성형한다.

크리미 라이스 푸딩과 커피 프랄린 소스

Riz au lait crémeux & sauce pralinée au café

라이스 푸딩 같은 몇몇 디저트는 우리의 마음에 강한 인상을 남긴다. 아마도 어린 시절의 기억을 불러일으키는 달콤한 맛이나 부드러운 식감, 옅은 바닐라 맛, 혹은 그저 유년기의 추억이나 함께 했던 순간들이 다시금 생각나서일지도 모른다. 하여튼 이 단순하면서도 푸근함을 안겨주는 달콤한 디저트는 앞으로도 여전히 우리의 입맛을 다시게 할 것이다. 커피 프랄린 소스가 뿌려진 따스하고 맛있는 이 라이스 푸딩을 재발견해 보자.

글루텐 프리

4~6인 기준
준비 : 15분
조리 : 25분

라이스 푸딩
단립종 쌀 200g
아몬드유 900㎖
시나몬 가루 1ts
바닐라 가루 약간
혹은 바닐라 엑스트렉트 1ts
메이플시럽 2~3Ts
아카 미소 ½ts(선택사항)

커피 프랄린 소스
에스프레소 60㎖
헤이즐넛 퓨레 120g
메이플시럽 80g
소금 1꼬집

가니쉬
구운 헤이즐넛
구운 코코넛칩
카카오닙스

냄비에 아몬드유와 시나몬 가루, 바닐라 가루 또는 엑스트렉트를 넣어 끓인다. 아몬드유가 끓기 시작하면 쌀을 천천히 흘려 넣는다. 다시 끓어오를 때까지 기다렸다가, 계속 저어주며 약불에 20~25분간 더 끓여 쌀이 부드럽고 녹진해지도록 한다. 필요한 경우 원하는 농도를 맞추기 위해 약간의 아몬드유를 더 넣어도 된다.

뜨거운 에스프레소와 헤이즐넛 퓨레, 메이플시럽, 소금을 볼에 섞어 매끈하고 진득한 소스를 만든다.

쌀이 익어서 꽤 부드러워지면 불에서 내려 메이플시럽과 미소를 넣고 섞는다. 맛을 보고 메이플시럽의 양을 조절한다.

미지근해진 라이스푸딩을 볼이나 라메킨에 담고 소스를 넉넉히 뿌린 뒤, 구운 헤이즐넛, 코코넛칩, 카카오닙스로 장식한다.

팁과 활용
라이스 푸딩은 전통적으로 단립종 쌀을 사용해 만든다. 태국 쌀이나 바스마티보다 전분이 더 풍부해서 조리 중 약간 점성이 생긴다. 이 점성이 라이스 푸딩의 질감을 아주 풍만하고 부드럽게 한다. 그러므로 무엇보다도 조리 전 쌀을 씻지 않는다. 차선책으로 리소토용 쌀인 아르보리오 품종을 사용할 수 있다.

레시피 찾아보기

(ㄱ)

가지 베이컨, 상추, 토마토를 넣은 클래식 BLT 샌드위치 86

건과일과 향신료로 만든 스티키 토피 푸딩 215

검은깨를 넣은 레몬 마블 머핀 163

견과류와 건과일이 든 부드러운 쿠키 56

고구마 스무디 볼과 트로피컬 그래놀라 47

고구마 토스트, 초콜릿 잼과 홈메이드 잼 55

구운 배와 루콜라 페스토, 피클을 넣은 그릴드 치즈 샌드위치 83

구운 파프리카 크림과 감자 토르티야 137

김치전과 라즈베리 소스 155

끝내주는 바노피 치즈 케이크 204

(ㄴ)

나초, 브로콜리 과콰몰리, 피코 데 가요와 치즈 소스 141

(ㄷ)

당근 머그 케이크와 크림치즈 181

독창적인 레위니옹 루가이유 소시지 121

두부, 페스토, 구운 파프리카 바게트 샌드위치 68

딸기와 버베나로 맛을 낸 트로페지엔 스타일의 프로방스 브리오슈 167

땅콩과 크리미 캐러멜의 밀리어네어 쇼트브레드 191

땅콩과 표고버섯을 곁들인 후무스 타르틴 62

(ㄹ)

라즈베리 크림 브리오슈 41

레위니옹식 루가이유와 채소 절임 142

레위니옹의 봉봉 피망 144

(ㅁ)

로즈마리와 레몬 아몬드 크림을 넣은 시골풍 살구 타르트 192

망고와 땅콩, 고구마 맛 사모사 147

메밀과 호두 크럼블의 애플 타르트와 타히니 소스 184

몰레 소스와 잘게 자른 잭프루트를 넣은 알리시아의 타코 153

몽블랑 크림과 캐러멜을 입힌 헤이즐넛 메밀 크루스티앙 210

(ㅂ)

바삭한 콜리플라워 너겟과 치미추리 소스 150

버섯과 김치로 속을 채운 중국식 찐빵, 바오쯔 156

부드러운 크레프와 초콜릿 소스 186

브레첼 버거, 채소 지짐과 병아리콩 스크램블 61

비건 피시 앤 칩스: 튀김 옷을 입힌 콜리플라워,
폴렌타 튀김과 완두콩 마요네즈 107

(ㅅ)

사테 소스 느타리버섯 핫도그 77

삶은 채소와 아삭한 채소를 곁들인 프로방스풍 그랑 아이올리 131

샥슈카 스타일의 퀴노아 라타투이 93

시금치와 병아리콩으로 만든 크리미 커리, 팔락 파니르 112

시나몬 스월 36

시저 스타일의 케일 샐러드와 바삭한 병아리콩 그래놀라 105

시트러스 트라이플, 코코넛 샹티이와 캐러멜 팝콘 207

쌀 푸딩, 오렌지 블로섬 워터, 장미와 피스타치오를 곁들인
레바논식 플랑 195

(ㅇ)

아니스와 아몬드로 맛을 낸 바삭한 비스킷 183

아몬드 생치즈를 올린 토마토와 복숭아 가든 샐러드 95

아삭한 채소와 구운 템페, 쌀국수를 넣은 스프링 볼 122

알파호레스, 아르헨티나의 초코파이 176

오렌지 블로섬 워터와 아몬드, 초콜릿을 넣은 폭신한 밥카 174

오렌지 렌틸콩 팔라펠을 넣은 피타 샌드위치 80
오렌지 렌틸콩으로 만든 달, 볶음밥과 오이 샐러드 116
오븐에 구운 가지 퐁당, 요구르트 소스와 두카 96
잉글리시 브렉퍼스트 스타일의 짭짤한 오트밀 죽 59

(ㅈ)
즉석 피살라디에르 익스프레스 138

(ㅊ)
참깨 레몬 크림과 산뜻한 허브 잠두콩 샐러드를 얹은 소카 90
채소 완자와 면을 넣은 인도네시아식 국물 요리, 박소 127
채소 크림이 들어간 부드럽고 진한 맥 앤 치즈 101
채소와 템페 미고렝 124
초코칩과 땅콩버터가 들어간 최고의 바나나 브레드 165
초콜릿 견과류 크리스피 그래놀라 49
최고의 치즈버거 70
추로스 스타일 프렌치토스트 52
추억의 초콜릿 라즈베리 아이스크림 200
칠리 고구마 엠파나다 148

(ㅋ)
카치오 에 페페 스파게티와 비건 파마산 치즈 102
카카오 스무디 볼과 미니 시리얼 쿠키 45
캐러멜 시럽과 구운 사과를 얹은 크리미 오트밀 죽 50
커피와 프랄린 비네그레트를 얹은 버섯과 대파 리소토 99
커피와 향신료로 맛을 낸 소프트 티라미수 217
코코넛 망고 스티키 라이스 롤과 땅콩 소스 213
코코넛 초콜릿 칩 마카치아(스위트 번) 38
코코넛, 망고, 패션프루트와 튀밥 트로피컬 바 198
퀴노아와 호박 크림 부리토 84
크리미 라이스 푸딩과 커피 프랄린 소스 220
크리미 초콜릿 후무스와 크리스피 비스킷 179
크리스피 반미 버거 79

(ㅌ)
토마토와 으깬 병아리콩을 넣은 팡 바냐 67
트리플 초콜릿 브라우니 무스 케이크 197

(ㅍ)
파인애플이 들어간 채소 옐로 커리와 쌀 크래커 118
팥앙금을 채운 참깨 말차 모찌 218
폭신한 미소 캐러멜 팬케이크 42
프룬을 넣은 크리미 플랑 파티시에와 솔티 캐러멜 소스 173
피스타치오와 루콜라 페스토를 넣은 미니 밥카 132
필로 페이스트리 반죽의 크리미 & 크리스피 키슈 로렌 111

(ㅎ)
향신료와 건과일을 넣은 필라프 115
헤이즐넛 프랄리네 로셰 202
헤이즐넛과 브레첼을 넣은 부드러운 캐러멜 쿠키 160
호박 크림과 헤이즐넛, 케이퍼로 속을 채운 난 73
홈메이드 사과 버터로 속을 채운 베녜와 캐러멜 소스 170
화이트 초콜릿, 피스타치오와 라즈베리를 넣은 폭신한 블론디 168
후무스, 타프나드, 토마토 캐비아를 곁들인 허브 크래커 135

감사의 말

저의 요리 여정 속에서 운 좋게 마주칠 수 있었던 사람들, 그리고 가까이서 혹은 멀리서 제 도전이 실현될 수 있도록 조언과 응원을 아끼지 않으신 많은 분께 감사의 말을 전합니다.

몸과 마음을 돌보는 데 있어 건강한 음식, 균형 있고 다양한 음식의 중요성을 일찍부터 마음에 새겨주신 어머니, 감사합니다.

자연의 아름다움에 많은 관심을 갖게 하고, 12살 어린 딸에게 갈라파고스 섬 여행을 허락할 정도로 세계를 알아가고 싶은 제 열망을 항상 지지해준 아버지, 고맙습니다.

어릴 때부터 늘 다정했고, 제게 영감을 주었으며, 누구나 자신의 선택에서 자유로운 존재이고 스스로 삶의 주인임을 보여준 큰 언니, 고마워요!

이 책을 완성하기까지 처음부터 저를 믿고 작업 내내 조언과 지침을 주신 마리 라포레, 감사합니다.

이 책의 편집 과정 내내 큰 지지와 협조를 해준 출판사의 디안과 디디에에게도 감사드립니다.

저의 여정에 관심을 놓지 않고, 늘 한발 더 나아가기 위해 제게 꿈을 좇을 수 있는 힘과 열망을 주시는 여러분 모두에게 감사드립니다. 여러분은 제 삶의 가장 큰 원동력입니다.

끝으로 이 긴 여정의 동반자이자 촬영 도우미, 제 요리를 가장 먼저 맛보는 미식가이자 조언자, 일상에서 가장 큰 힘이 되는 클레망에게 감사의 인사를 전합니다. 그가 없었다면 이 책 또한 세상에 나올 수 없었을 겁니다.

세상의 모든 채식 요리
1판 1쇄 발행일 2024년 5월 1일
저　자 : 알리스 파제스
번　역 : 김희경·하수현
발행인 : 김문영
펴낸곳 : 시트롱 마카롱
등　록 : 제2014-000153호
주　소 : 경기도 파주시 책향기로 320, 2-206
S N S : @citronmacaron
이메일 : macaron2000@daum.net
ISBN : 979-11-978789-7-8 03590